IN

VOCABULARIO TÉCNICO
DE
CONTABILIDAD MODERNA

ABIUD RAMOS RAMOS

VOCABULARIO TÉCNICO
DE
CONTABILIDAD MODERNA

Tercera Edición
(Revisada y Aumentada)

EDITORIAL DE LA UNIVERSIDAD
DE PUERTO RICO
1992

Primera Edición, 1978

Segunda Edición (Revisada y Aumentada), 1981

Tercera Edición (Revisada y Aumentada), 1992

Catalogación de la Biblioteca del Congreso
Library of Congress Cataloging in Publication Data

Ramos Ramos, Abiud.
    Vocabulario técnico de contabilidad moderna/Abiud Ramos Ramos —

3. ed., rev. y aum.   p.   cm.
includes index.
1. Accounting-Dictionaries. 2.English language
    Dictionaries-Spanish 1. Title.

    HF5621. R35   1992   657--dc20   92-6303
    ISBN 0-8477-2645-2   cip

Portada:Nivea Ortiz

Tipografía: Tipografía Corsino

EDITORIAL DE LA UNIVERSIDAD DE PUERTO RICO
Apartado 23322
Estación de la Universidad
Río Piedras, Puerto Rico 00931-3322

PREFACIO

Tomando en consideración la dificultad que tienen la mayor parte de los estudiantes de habla hispana en entender los términos de contabilidad en inglés, he preparado este eficaz *Vocabulario Técnico de Contabilidad Moderna,* que ahora presento en una tercera edición revisada y aumentada.

Lo dedico a los estudiantes de Administración Comercial (Administracion de Empresas), especialmente a los que se especializan en contabilidad. Contiene aproximadamente 3,000 términos técnicos recientes que aparecen en las últimas publicaciones de contabilidad moderna y un sinnúmero de informes y estados financieros en inglés y español.

Espero que este vocabulario en inglés y español ayude a comprender mejor el contenido de los textos de contabilidad moderna.

Expreso mi agradecimiento a mis amigos y compañeros de profesión, al Sr. Pablo M. Pérez Arce, Asesor Administrativo Consultor Financiero de la Cooperativa de Consumidores del Noroeste, Inc., ex-profesor de Contabilidad Avanzada y ex-director del Departamento de Administración de Empresas del Colegio Universitario Tecnológico de Arecibo de la Universidad de Puerto Rico y al Prof. Julián Feliciano Ruíz, Contador Público Autorizado y profesor de Contabilidad Avanzada de la Universidad Interamericana de Puerto Rico quienes se encargan de revisar cuidadosamente esta Tercera Edición.

ABIUD RAMOS

A

AAA (American Accounting Association). Asociación Americana de Contadores. Agrupa a los Contadores en los Estados Unidos. Define auditoría como un proceso sistemático.

Abandonment. Retiro total de un activo de su servicio.

Abatement. Cancelación parcial o total, gasto.

Aboriginal cost. Costo original, costo inicial.

Above par. Sobre el valor original, sobre el valor nominal.

Abscissa. Escala horizontal de una gráfica en dos sistemas de dimensión coordinados.

Absolutely. Absolutamente, únicamente, solamente.

Absorb. Fusionar por transferencia toda o parte de una cuenta o grupo de cuentas con otras.

Absorption costing. Método de medir ingresos para informes financieros donde se toma en consideración los costos fijos o variables que son asignados a los productos manufacturados y cargados al inventario final hasta que las unidades sean vendidas. Los costos de manufactura son cargados al producto.

Accelerated depreciation. Depreciación acelerada, como el método de disminuir el balance o suma de los dígitos de los años. La depreciación es mayor en los primeros años.

Accept. Aceptar.

Acceptance. Documento equivalente a una promesa de pago. Documento de cambio aceptado por el girado. Se estipula cantidad, fecha, lugar de pago y firma del que acepta la nota o el documento.

Accordance. Conformidad

According. Según, de acuerdo.

Accordingly. Por consiguiente.

Account. Cuenta, cálculo.

Account book. Libro de cuentas.

Account, current. Cuenta corriente, cuenta de activos circulantes.

Account form. En forma de cuenta o de informe.

Account sales. Ventas de crédito, fiar mercancía, géneros.

Accountability. Obligación de un empleado, agente u otra persona de suministrar informes satisfactorios periódicos de acción o fracaso para que actúe la autoridad delegada. Responsabilidad.

Accountant. Contador, contable. Diseña el sistema de contabilidad de una empresa.

Accounting. Contabilidad. Proceso para registrar las transacciones de una empresa, en sus respectivos diarios y libros mayores y subsidiarios. Identificar, medir y comunicar información económica que permita a los que usan esta información pasar juicio y tomar decisiones. Se considera como el lenguaje del comercio.

Accounting control. Control contable.

Accounting cycle. Ciclo de contabilidad.

Accounting day. El día de ajuste de cuentas.

Accounting equation. Ecuación contable. Ej: A = P + C. P + C = A.

Accounting identity. Identidad de débito y crédito de una transacción expresada en términos de contabilidad por partida doble.

Accounting information system. Sistema que maneja la información recopilada, procesada y diseminada.

Accounting manual. Libro de políticas, normas y prácticas que gobiernan las cuentas de una empresa, incluyendo clasificación de cuentas.

Accounting period or cycle. Período o ciclo de contabilidad. Ej. Un año.

Accounting policy. Principios, procedimientos, políticas, normas de contabilidad.

Accounting practice. Trabajo profesional del contador.

Accounting principles. Principios de contabilidad, normas, reglas.

Accounting procedure. Procedimiento, operación diaria del sistema de contabilidad.

Accounting records. Registros de contabilidad, libros de contabilidad. Diarios de contabilidad.

Accounting research bulletins. Boletín que prepara el Instituto Americano de Contadores Públicos Certificados sobre cómo se deben presentar los estados financieros de acuerdo a los principios generalmente aceptados.

Accounting research studies. Estudios publicados por el Instituto Americano de Contadores Públicos Certificados basados en las opiniones de la Junta de Principios de Contabilidad.

Accounting system. Sistema de contabilidad.

Accounting transaction. Transacción contable.

Accounting valuation. Valuación contable. Valoración contable.

Accounts payable. Cuentas por pagar, cuentas adeudadas.

Accounts Payable Subsidiary Ledger. Libro Mayor Subsidiario para registrar las cuentas por pagar.

Accounts receivable. Cuentas por cobrar. Cuentas por recibirse.

Accounts Receivable Subsidiary Ledger. Libro Mayor Subsidiario para registrar las cuentas por cobrar.

Accounts stated. Cuentas aceptadas como correctas.

Accredit. Dar crédito, abonar una cantidad.

Accretion. Aumento por crecimiento o desarrollo natural.

Accrual. Acumulación de gastos no pagados o ingresos no percibidos.

Accrual basis accounting. Método contable de un período de tiempo donde ingresos y gastos se identifican independientemente de entrada o salida de material efectivo. Las eventualidades que cambian los estados financieros en los períodos en que ocurren las transacciones.

Accrual date. Fecha en la que se determina una acumulación.

Accrue. Acumular.

Accrued. Ingreso devengado o gasto acumulado.

Accrued asset. Activo, acumulado.

Accrued depreciation. Depreciación acumulada.

Accrued dividend. Dividendos acumulados.

Accrued expenses. Gastos acumulados. Gastos incurridos, pero no pagados o registrados.

Accrued income. Ingreso acumulado.

Accrued liability. Pasivo acumulado.

Accrued revenues. Ingresos ganados, pero no recibidos o registrados.

Accumulated amount of. Cantidad acumulada de.

Accumulated depreciation. Depreciación acumulada.

Accumulated dividend. Dividendo acumulado.

Accumulated income. Ingreso acumulado.

Acid test. Proporción de cuentas por cobrar y valores realizables, comparado con el pasivo circulante. Prueba de ácido, prueba circulante, prueba líquida, prueba decisiva.

Acid test ratio. Relación de un estado financiero que mide la capacidad de la empresa para pagar los pasivos corrientes. Se divide la suma del efectivo, valores de mercado y cuentas por cobrar por los pasivos corrientes.

Acknowledge. Acusar recibo. De conocimiento.

Acquired surplus. Superávit adquirido.

Action. Acción.

Active income. Ingreso que el contribuyente tiene participado materialmente en la producción.

Actuarial. Relacionado con las matemáticas y estadísticas de seguros.

Additional. Adicional, además.

Additions and improvements. Costos incurridos para aumentar la eficiencia operacional, capacidad productiva o vida útil del activo.

Address. Dirección.

Ad honorem. Gratuitamente.

Adjusted gross income. Utilidad bruta ajustada, ingreso bruto ajustado. Diferencia entre ingreso bruto y el ajuste del ingreso bruto.

Adjusted trial balance. Balance de comprobación ajustado.

Adjusting entries Asientos de ajuste, entradas para ajustar cuentas y ponerlas al día.

Adjusting journal entries. Libro diario para corregir las cuentas.

Adjustment. Ajuste, poner el balance de las cuentas al día.

Administration. Administración, administrar una empresa.

Administrative budget. Presupuesto administrativo.

Administrative environment. Fuerzas que influyen sobre la gerencia o la administración.

Administrative expenses. Gastos de administración. Gastos pertenecientes a actividades no relacionadas con las ventas, tales como administración de personal y contabilidad.

Administrative quotation. Cotización administrativa.

Administrator. Administrador.

Admit. Admitir.

Ad valorem. Cómputo sobre valor de una propiedad.

Advance. Por adelantado. Por anticipado.

Advantage. Ventaja.

Affiliated. Afiliado, adherido, anejo.

Affiliated companies. Compañía matriz o principal y una o más compañías subsidiarias.

Affix. Pegar, estampar, adherir, juntar.

Afford. Tener recursos para algo.

After closing trial balance. Balance de comprobación post cierre.

Agent. Agente.

Aging of accounts receivable. Análisis de balances de clientes por el tiempo que ellos han dejado de pagar.

Aging of receivables. Prorratear las cuentas por cobrar de acuerdo a sus vencimientos.

Agree. Convenir. Estar de acuerdo.

Agreement. Convenio.

Aggregative costing. Costo de producción que se refleja solamente en los costos de los inventarios.

A.I.C.P.A. (American Institute of Certified Public Accountants). Instituto Americano de Contadores Públicos Certificados o Autorizados. Promueve y mantiene un standard profesional de conducta técnica y ética.

Allocation. Proceso de dividir los costos e ingresos entre períodos contables.

Allotment. Asignación.

Allow. Permitir, conceder.

Allowance. Descuento, concesión.

Allowance for uncollectibles or doubtful accounts. Reserva para cuentas incobrables.

Amortization. Amortización. Se aplica a los activos intangibles. Ej.: Patentes, marca registrada. Disminución periódica de un activo intangible.

Amortized cost. Costo amortizado.

Amortized expense. Gasto amortizado.

Amount. Cantidad, suma.

Analysis. Análisis. estudio.

Analyst. Analizador, analista.

Analyze. Analizar.

Annual. Anual, un año.

Annual audit. Auditoría anual, intervención de cuentas anual.

Annual closing. Cierre anual. Cerrar las cuentas a fin de año.

Annual financial statement. Estado financiero anual.

Annual rate of return technique. Se divide el ingreso neto anual esperado por el promedio de inversión.

Annual report. Informe anual.

Annually. Anualmente, cada año.

Annuity. Anualidad, renta vitalicia.

Annuity agreement. Contrato anual.

Anticipated cost. Costo anticipado.

Anticipated profit. Utilidad anticipada. Ganancia anticipada.

Anticipation. Anticipación, por adelantado.

Anticipator. Anticipador, el que anticipa.

A.P.B. (Accounting Principles Board). Junta de Principios de Contabilidad. Junta que gobierna los principios de la contabilidad.

Aperture. Apertura, iniciar.

Appended. Añadido, adherido.

Application. Solicitud.

Application of funds. Solicitud de fondos. Aplicación de fondos.

Applicative. Aplicable.

Applied cost. Costo aplicado.

Apply. Solicitar.

Apply on account. Abonar a la cuenta.

Appointment. Acuerdo, convenio, estipulación, nombramiento.

Appraisal. Avalúo, valuación, tasación, estimación.

Appraisal valuation. Valuación por tasación.

Appraiser. Tasador, avaluador.

Appreciate. Subir en valor.

Apprisement. Avalúo, tasa, valuación.

Appriser. Valuador, tasador.

Approach. Acercamiento, propuesta.

Appropriate. Apropiar, enajenar en beneficio, restringir, comprometer.

Appropriated retained earnings. Partidas de capital que la Junta de Directores compromete o restringe para ciertos fines de la corporación.

Appropriateness. Compromisos, congelaciones, restricciones

Approval. Aprobación.

Approximation. Aproximación, cálculo que se acerca en lo posible al valor real de una cantidad.

Appurtenant. Perteneciente.

A priori. Modo de razonamiento basado en suposiciones específicas más que en experiencias, deductivo, por anticipado.

Arbitrage. Arbitraje, compra y venta de un mismo género en dos o más mercados para hacer ganancias.

Arbitragement, arbitration. Arbitraje.

Arithmetic unit. Unidad aritmética; incluye sumar, restar, multiplicar y dividir.

Arrange. Arreglar.

Arrangement. Arreglo, disposición.

Arrearage. Rentas o sueldos devengados y no pagados.

Arrears. Lo que se debe por no haberlo pagado a su tiempo, atraso.

Arrest. Embargo de bienes.

Article. Artículo.

Article of partnership. Contrato o artículo de una sociedad.

Articles of incorporation. Constitución de una corporación, artículos de incorporación.

Assembly. Asamblea.

Assertions. Disposiciones.

Assess. Fijar, determinar, imponer tasas de los impuestos.

Assessable capital stock. Capital en acciones no pagado en su totalidad.

Assessed value. Valor de propiedad evaluada para fines de tasación.

Assessment. Tasación, tasar una propiedad para fines contributivos. Medición.

Assessor. Tasador de contribuciones o impuestos.

Asset. Cada una de las partidas que componen el caudal de una sociedad, corporación o negocio individual. Activo.

Asset turnover. Ventas divididas por el total de activos. Movimiento de activos. Medida de como eficientemente la compañía utiliza sus activos para generar ventas, dividiendo ventas netas por el promedio de los activos.

Assets. Activos, bienes, recursos, posesiones.

Assign. Asignar.

Assignee. Apoderado.

Assignment Cesión, asignación.

Assist. Asistir, ayudar.

Assistance. Asistencia, ayuda.

Associate. Asociado, agregar.

Association. Asociación, asociación no incorporada.

Assume. Presumir, asumir.

Assurance. Con certeza, seguridad.

Assure. Asegurar.

At par. A la par. Valor nominal.

At sight. A la vista.

Attach. Fijar, adherir, juntar.

Attest. Autenticidad.

At three months sight. A tres meses vista.

Audit. Auditar, verificar, examinar los libros. Intervenir en las cuentas. Campo de actividades que envuelve una revisión de los récords de la empresa.

Audit report. Informe de auditoría.

Auditing standards. Reglas para auditar los libros de contabilidad de acuerdo al Instituto Americano de Contadores Públicos Autorizados o Certificados.

Auditing Standards Board. Provee guías para desarrollar y aplicar procedimientos de auditoría y reportar los hallazgos.

Auditor. Auditor, contador que chequea los libros de contabilidad de una empresa. Interventor de cuentas.

Authorization to issue checks. Autorizacion para emitir cheques.

Authorized capital stock. Capital autorizado en acciones.

Authorized stock. Cantidad de acciones que una corporación está autorizada a vender como aparece en el Certificado de Incorporación.

Available. Disponible.

Available assets. Activos disponibles.

Available surplus. Superávit disponible.

Average. Promedio.

Average cost method. Método de evaluar el inventario. El método de promedio ponderado se computa dividiendo el costo total de la mercancía disponible para la venta por el número de unidades disponibles para la venta. Presume que los bienes disponibles para la venta son homogéneos.

Average expense. Gasto promedio.

Average income. Utilidad o ingreso promedio.

Average life. Vida promedio sujeta a depreciación.

Average tax rate. Total de contribución pagada dividida por el ingreso tributable.

Aware. Confiado, enterado.

Axiom. Verdad incuestionable, postulado, principio incontrovertible, axioma.

B

Background. Trasfondo, panorama.

Back order. Aplazar una orden por no estar disponible en almacén la mercancía.

Bad debt expenses. Gastos por cuentas incobrables.

Bad debts. Cuentas incobrables, cuentas morosas. Cuentas malas, cuentas dudosas.

Bailment. Entrega o transferencia de posesión de dinero o propiedad para un propósito en particular, por consignación, para salvaguardar o reparos.

Balance. Balance, saldo.

Balance brought forward. Balance arrastrado.

Balance carried forward. Balance arrastrado de atrás hacia delante.

Balance-column account. Balancear las cuentas de débito y crédito en el libro mayor.

Balance of account. Saldo de cuenta.

Balance of trade (or payments). Balancear las importaciones con las exportaciones.

Balance sheet. Hoja de balance, estado de situación.

Balance sheet accounts. Cuentas del estado de situación.

Balance sheet audit. Auditoría de balance. Revisar las cuentas en el Estado de Situación.

Balanced budget. Presupuesto balanceado. Se parean los ingresos con los gastos de un período.

Balanced economy. Economía balanceada.

Bank. Banco, institución financiera.

Bank balance. Saldo en el banco, saldar una cuenta bancaria, balance en el banco.

Bank bill. Billete, vale o cédula de banco.

Bank charges. Cargos bancarios.

Bank deposit. Depósito bancario, depositar en una cuenta en un banco comercial o de ahorros.

Bank discount. Descuento bancario.

Bank draft. Giro bancario.

Bank note. Pagaré bancario.

Bank overdraft. Sobregiro bancario. Excederse del dinero que tiene en el banco.

Bank reconciliation. Conciliación bancaria.

Bank service charge. Cargos por servicios bancarios.

Bank statement. Estado de cuenta del banco.

Bank stock. Acción del banco.

Bankbook. Libreta bancaria. Libreta de girar cheques.

Banker's acceptance. Aceptación bancaria.

Banking house. Banco particular.

Bankrupt. Insolvente, quebrado.

Bankruptcy. Bancarrota, quiebra.

Bargain. Ganga, baratillo.

Basic cost. Costo base, costo de materia prima reclasificado como costo de trabajo en proceso.

Basic expenditure. Gastos básicos u originales.

Basic point. Punto de partida.

Basic standard cost. Costo básico regular. Sirve como punto de referencia para medir cambios en los costos corrientes, fijos, así como en los costos actuales o reales.

Basis. Base.

Batch. Cantidad específica de materiales o parte de una compra de mercancía, retiro de mercancía del almacén para procesar, seleccionar, selección para prueba.

Bear. Portar, producir intereses. Influenciar.

Bearer. Portador.

Bearer bond. Bono no registrado donde principal e interés se pagan al portador del bono.

Bearer coupon bonds. Bonos emitidos al portador que no han sido registrados y los tenedores deben enviar cupones para recibir intereses.

Bearer stock. Acción al portador.

Below par. Con descuento, por debajo de su precio.

Benefit. Beneficio o utilidad.

Betlet. Billete, boleto.

Bid. Oferta, postura que se ofrece en una venta o almoneda pública, subasta. Apuesta.

Bid price. Precio, precio de subastas.

Bidder. Postor.

Bidding. Ofrecimiento de precio en subasta, subasta.

Biennial. Que dura dos años, bienal.

Bifarious. Duplicado.

Bifold. Doble, doblar.

Bilk. Defraudar, engañar.

Bill. Cuenta, factura, pagaré, letra.

Bill broker. Corredor de cambio.

Bill of exchange. Letra de cambio.

Bill of lading. Conocimiento de embarque o talón de embarque.

Billhead. Encabezamiento de factura.

Billing cycle. Período de cobro de cuentas, cobro de facturas.

Billion. Billón (millón de millones).

Bills payable. Letras pagaderas, facturas por pagar.

Bills receivable. Letras a cobrar, facturas por cobrar.

Binary. El número que consta de dos unidades.

Bound. Obligado, atado, ligado, comprometido.

Black market. Vender a sobre precio, mercado negro.

Blank. Espacio, blanco, documento, anular, cancelar, formulario.

Blank endorsement. Endoso en blanco.

Blanket insurance. Póliza de seguro relacionada con alguna clase de propiedad donde el número de renglones cubiertos puede fluctuar de tiempo en tiempo.

Blind entry. Entrada contable sin explicación.

Block method. Sistema para controlar las cuentas en los subsidiarios.

Blocked currency. Se prohibe el intercambio de dinero entre países.

Blotter. Memorando en el cual se hacen anotaciones de las transacciones comerciales que se efectúan.

Blue-sky law. Término popular de las leyes de un estado para controlar la emisión de valores de mercado.

Board. Junta, consejo, cuerpo, negociado.

Board of Directors. Mesa directiva, consejo de administración. Junta de directores.

Board of trade. Junta de comercio.

Board of trustees. Junta directiva.

Boarder. Pensionista.

Bogey. Espectro, aparecido, espantajo, duende.

BOM (beginning of the month). Al empezar el mes.

Bond. Bono, obligación.

Bond covenant. Bono otorgado, comprometido, estipulado.

Bond fund. Fondo para amortizar bonos.

Bond discount. Descuento en bono.

Bond dividend. Dividendo pagado en bono.

Bond holder. Tenedor de bonos.

Bond indenture. Documento legal relacionado con la emisión de bonos. Fija los términos en la emisión de los bonos.

Bond premium. Prima de bono, precio sobre el valor nominal o sobre el valor real.

Bond register. Registro de bonos.

Bonded. Garantizado por obligación escrita, asegurado, depositado.

Bonded debt. Deuda garantizada por un bono.

Bonded goods. Mercancías en depósito.

Bonded warehouse. Almacén de depósito.

Bond-valuation. Proceso por el cual el inversionista determina cuánto puede pagar por un bono.

Bondsman. Fiador.

Bonus. Compensación adicional que se le concede a un empleado.

Book. Asentar en libro. Libro.

Book inventory. Inventario en libros o libro de inventarios.

Book of original entry. Registro, diario original, entrada original en el libro diario, libro de entradas originales.

Book value. Valor en libros. Diferencia entre el costo de un activo depreciable y su relación con la depreciación acumulada.

Book value per share. Valor en los libros por acción. Valor o precio por acción en los libros. Equidad que un accionista común tiene en activos netos de una corporación por poseer certificados de acciones.

Booking. Registro, asiento.

Bookkeeper. Tenedor de libros.

Bookkeeping. Teneduría de libros. Registro de eventualidades económicas.

Booklet. Folleto.

Boom. Expansión económica, auge.

Boot. Botín, algo en adición, dinero, propiedad, cantidad tributable.

Bounty. Soborno, gratificación.

BOY (beginning of year). Inicio de año, comienzo de año.

Boycott. Desacreditar, huelga, represalia.

Break. Causar quiebra o bancarrota.

Breakdown. Análisis resumido en términos de clases de transacciones.

Breakeven point. Punto de equilibrio. Punto de empate. Ej: $S_1 = \dfrac{F}{1\text{-}v/s}$
Nivel de actividad donde los ingresos son iguales a los costos.

Breaking. Bancarrota, disolución, rompimiento.

Brink. Al borde.

Broadly. Ampliamente.

Broker. Corredor, intermediario.

Brokerage. Corretaje, pago que se da al corredor.

Brokerage commission. Comisión del corredor.

Brokery. Correduría.

Bucket shop. Operación en que el corredor de bienes raíces no ejecuta de inmediato las órdenes de compraventa y las retiene para fines especulativos.

Budget. Presupuesto. Resumen escrito de los planes de la gerencia por un período de tiempo, en específico, futuro expresado en términos financieros.

Budget balance sheet. Proyección de posición financiera al final del período presupuestario.

Budget committee. Comité de presupuesto. Junta presupuestaria.

Budget income statement. Estimado de lucratividad esperada de operaciones en un año.

Budgetary control. Uso del presupuesto para controlar las operaciones Control presupuestario.

Building. Edificio.

Bull. Creencia de que el precio de los valores de mercado continuarán subiendo. Alcista.

Bulletin. Boletín, publicación periódica.

Burden. Carga contributiva, gastos indirectos.

Bureau. Departamento, oficina, negociado.

Business. Negocio, comerciar.

Business combination. Unión de dos o más empresas para formar una sola con el propósito de combinar recursos.

Business corporation. Sociedad mercantil, corporación.

Business enterprise. Empresa mercantil, empresa comercial.

Business entity. Entidad comercial.

Business income. Utilidad mercantil, ingreso o beneficio del negocio.

Business standing. Reputación comercial.

Business transaction. Operación mercantil, transacción comercial.

Buyer. Comprador.

By-laws. Estatutos o reglamentos internos de una sociedad o corporación para conducir los asuntos de las mismas.

By-passing. Diferentes opiniones. Evitar.

By-products. Productos secundarios obtenidos durante el proceso de manufactura. Productos que tienen un valor relativamente pequeño en relación al producto principal.

C

Cablegram. Cablegrama.

Calendar. Calendario.

Calendar year. Año comercial. Período contable que se extiende del 1 de enero al 31 de diciembre.

Call. Demandar el cobro en pagaré a presentación. Llamar.

Call loan. Préstamo a la demanda o a presentación.

Call on. Solicitar, llamar.

Call price. Precio que se paga por un bono al redimirse.

Call to account. Pedir cuentas.

Callable bond. Bono redimible en cualquier momento. La corporación lo puede redimir en cualquier momento antes de su vencimiento.

Callable preferred stock. Acciones preferidas que concede al emisor el derecho a comprar acciones de los accionistas a precio y en fecha futura en específico.

Called in his money. Retiró sus fondos.

Cancel. Cancelar.

Cancelled check. Cheque cancelado.

Capacity ratio. Relación actual comparada con la posible cantidad máxima.

Capital. Capital.

Capital account. Cuenta de capital.

Capital asset. Activo fijo, activo permanente. Ej.: Terreno, edificio, equipo, etc.

Capital budgeting. Presupuesto de capital. El proceso de hacer desembolsos de capital en las decisiones del negocio.

Capital coefficient. Coeficiencia de capital. Ej.: $Y = a + bx$.

Capital expenditures. Gastos presupuestales. Gastos que benefician futuros períodos. Aumenta la capacidad, eficiencia y vida útil de un activo fijo. Desembolsos o gastos que aumentan las inversiones de la compañía en facilidades productivas.

Capital gain. Exceso del residual realizado de la venta o intercambio de un activo de capital. Ganancia de capital.

Capital gains and losses. Ganancias y pérdidas de capital.

Capital goods. Bienes de capital.

Capital in excess of par value. Capital en exceso del valor par de una acción.

Capital in excess of stated value. Capital en exceso del valor estipulado en una acción.

Capital lease. Arreglo contractual que transfiere substancialmente todos los beneficios y riesgos de posesión a quien arrienda de manera que el contrato esté en efecto para que compre la propiedad.

Capital stock. Capital corporativo, capital en acciones.

Capital turnover. Movimientos de capital, ventas divididas por el capital invertido.

Capitalist. Capitalista.

Capitalization. Capitalización, acumulación.

Capitalization ratio. Activos fijos divididos por el valor neto.

Capitalized. Capitalizado, acumulado.

Cash. Efectivo, caja.

Cash asset. Activo en caja.

Cash audit. Auditar cuenta en efectivo, auditar cuenta de caja.

Cash basis. Formas de contabilidad a base del movimiento en efectivo.

Cash-book. Libro de caja, libro o registro de efectivo.

Cash budget. Presupuesto de caja, presupuesto en efectivo. Proyección de flujos de efectivos estimados.

Cash disbursement journal. Diario de ingresos, diario de desembolsos de efectivo o de caja.

Cash discount. Descuento por pronto pago, descuento en efectivo.

Cash dividend. Dividendo en efectivo.

Cash equivalent price. Cantidad igual al valor de mercado de los activos o valor de mercado del activo recibido o cual fuera el más claro en determinar.

Cash equivalents. Inversión altamente líquida que se puede convertir a una cantidad específica de efectivo con vencimiento de tres meses o menos.

Cash flow. Flujo de caja, liquidez.

Cash flow statement. Estado de flujo de caja, estado de liquidez.

Cash in bank. Efectivo en banco.

Cash in flows. Entradas de efectivo.

Cash journal. Diario de caja, de efectivo.

Cash on hand. Efectivo disponible.

Cash out flows. Salidas de efectivo.

Cash payback technique. Identifica el período de tiempo requerido para recobrar el costo del capital invertido de las entradas del efectivo producido por la inversión.

Cash payment journal. Diario, libro para registrar los pagos del efectivo. Diario especial.

Cash over and short. Cuenta para

registrar los cortes y sobrantes de caja o del efectivo.

Cash price. Precio de contado.

Cash (net) realizable value. Cantidad neta que se espera recibir en efectivo.

Cash receipts journal. Diario de recibos de caja, diario especial para registrar recibos de dinero.

Cash sale. Venta de contado.

Cash surrender value of life insurance. Cuenta de activo que refleja el efectivo que se obtendría al canjear o cancelar una póliza de seguros.

Cashier. Cajero.

Catalog. Catálogo.

Central processing unit. Sección más importante del computador electrónico. Contiene unidad de control, unidad aritmética y unidad de almacenaje (memoria).

Centralized accounting system. Sistema en que cada sucursal de una compañía envía información diaria de sus transacciones a la oficina principal.

Certificate. Certificar, testimonio. Certificado.

Certificate of deposit. Certificado de depósito.

Certificate of incorporation. Constitución de una corporación, certificado de incorporación.

Certified check. Cheque certificado.

Certified financial statement. Estado financiero certificado.

Certified mail. Correo certificado.

Certified Public Accountant. Contador Público Titulado o Autorizado. Contador Autorizado por la ACPA.

Chain discount. Descuento en serie.

Change. Cambio.

Change in accounting principle. Uso de un método o principio de contabilidad actual que es diferente a los que se usarán en los próximos años.

Changes in financial position. Cambios en la posición financiera.

Charge. Cargo.

Charge account. Cuenta de cheques, cargo a cuenta.

Chargeable. Lo que se puede imputar como una deuda. A cobrar.

Chart. Gráfica, cuadro de cuentas.

Chart of accounts. Cuadro de cuentas.

Charter. Escritura auténtica, carta constitucional, certificado de incorporación. Documento que crea la corporación.

Charter party. Convenio, contrato.

Chartered. Fletado. Autentizado.

Chattel. Bien mueble, garantía prendaria.

Chattel mortgage. Hipoteca garantizada con propiedad mueble.

Check. Cheque, documento en forma de mandato de pago. Orden escrita para que el banco pague cierta cantidad de dinero al recipiente designado.

Check register. Registro de cheques emitidos.

Check stub. Talón de cheques, volante del cheque.

Checkbook. Libro de cheques, registro de cheques.

Checking account. Cuenta de cheques, cuenta corriente bancaria.

C.I.F. (Cost, insurance and freight). Costo, seguro y flete.

Circulating asset. Activo circulante. Activo corriente.

Circulating capital. Capital circulante.

Circulating liabilities. Pasivos circulantes. Pasivos corrientes.

Claim. Reclamación.

Class. Clase.

Classification of accounts. Clasificación de cuentas.

Classified balance sheet. Estado de situación que contiene un número de clasificaciones o secciones.

Clearing account. Saldar una cuenta. Cuenta liquidadora. Cuenta primaria donde los ingresos o los gastos son transferidos a otras cuentas.

Clearinghouse. Asociación voluntaria o corporación que actúa como un medio para saldar las transacciones entre sus miembros o accionistas. Intercambio de depósitos entre bancos.

Clerical error. Error en el registro o en el traslado de una cuenta.

Close the books. Cierre de los libros.

Closed account. Cuenta saldada, cuenta cerrada.

Closed corporation. Corporación cerrada. Restringe la venta de acciones al público.

Closeness. Exactitud, fidelidad, cierre.

Closing date. Fecha de cierre.

Closing entries. Asientos o entradas de cierre.

Closing trial balance. Balance de comprobación post-cierre.

Coalesce. Incorporarse.

C.O.D. (Collect on delivery). Cobrar o devolver, cobro al entregar.

Code. Código, compilación de leyes.

Codicil. Cambio por escrito en un testamento.

Codification of accounts. Codificar las cuentas. Numerar las cuentas en el libro mayor.

Coefficient. Coeficiente.

Coemption. Compra mutua.

Coestablishment. Establecimiento combinado.

Cofferer. Tesorero.

Cognizee. Censualista (El que tiene derecho a cobrar multa por venta o trueque de tierras o posesiones).

Coin. Moneda.

Colabourer. Colaborador.

Collate. Comparar, cotejar una cosa con otra.

Collateral. Subsidiario, garantía, colateral.

Collateral security. Garantía subsidiaria.

Collation. Título o provisión de un beneficio.

Collect. Cobrar, recaudar

Collectible. Cobrable.

Collection. Cobro.

Collector. Cobrador.

Column. Columna.

Columnar. En forma de columna.

Columnar journal. Libro diario especial que consta de más de una columna.

Columned. Con columnas.

Combine. Combinar, juntar.

Combined financial statement. Estado financiero combinado, consolidado.

Commend. Encargar un negocio al cuidado de otro.

Commendam. Beneficio tenido en encomienda.

Commendatary. Beneficiado.

Commercial. Comercial, mercantil.

Commercial draft. Giro comercial.

Commercial law. Ley comercial, derecho mercantil.

Commercially. Comercialmente.

Commission. Comisión, remuneración.

Commissioner. Comisionado, apoderado.

Commit. Depositar, confiar.

Committal. Consignación.

Committee. Comité.

Commodity. Mercancía, productos, mercaderías, géneros.

Common costs. Costos que no pueden

ser cargados a una sola división. Costos relacionados con dos o más divisiones.

Common size financial statements. Estados financieros expresados en porcientos. Cada partida en el estado de situación puede ser expresada como un porciento del total de los activos y cada partida en el estado de ingresos puede ser expresada como un porciento de las ventas netas.

Common stock. Acción común.

Company. Compañía.

Comparability. Información es comparable cuando métodos similares de medición e informes son usados por diferentes empresas.

Comparative balance sheet. Balance comparativo. Estado de situación comparado.

Comparative statement. Estado comparativo.

Compare. Comparar, cotejar, confrontar, comprobar.

Compendium. Compendio, resumen.

Compensate. Compensar, indemnizar.

Compensation. Indemnización, compensación.

Compensative. Equivalente, lo que compensa.

Competent. Competente, apto, calificado.

Competitive dynamics. Naturaleza, ambiente de la empresa.

Competitive price. Precio de competencia.

Compilation. Recopilación de datos o información.

Complete. Completo.

Complete contract method. Método en que no se reconoce ganancia hasta que no se completa el proyecto.

Complex capital structure. Cuando la corporación tiene valores de mercado que pueden ser convertidos en acciones comunes que reducen la ganancia por acción.

Compliance. Cumple con los requisitos.

Composite life method. Depreciación computada en base a la depreciación de un grupo de activos fijos en su totalidad.

Composite method. Método de computar depreciación donde un grupo de activos no identificados son agrupados juntos para cómputos de depreciación.

Composition. Ajuste, acto de quedar el deudor solvente mediante pago parcial de la deuda.

Compound interest. Interés compuesto.

Compound journal entry. Entrada compuesta por más de un débito o más de un crédito.

Compress. Abreviar, reducir.

Compt. Cuenta, cálculo.

Comptroller. Contralor. Un oficial que interviene y supervisa los gastos y las cuentas.

Comptroller general. Jefe de la oficina de contabilidad.

Comptrollership. Contraloría.

Conceal. Ocultar.

Concept. Concepto, idea, que representa una función.

Conceptual frame work. Sistema coherente de objetivos fundamentales interrelacionados que guían a la uniformidad consistente que prescribe la naturaleza, función y límites de la contabilidad financiera y los estados financieros.

Conceptual structure. Estructura conceptual que fundamenta la auditoría o la intervención de cuentas.

Concern. Empresa, unidad económica.

Concerning. Respecto a, de acuerdo a.

Condensed balance sheet. Estado de situación donde menos detalles esenciales se han combinado. Estado de situación condensado.

Conservation. Posponer el reconocer la ganancia a fechas posteriores cuando exista un campo de razonamiento.

Conservatism. Selección de un método contable cuando existe la duda de que los activos y la ganancia neta están sobreestimados.

Consistency. No debe haber cambios técnicos en los métodos de proporcionar información de acuerdo a los principios aceptados de contabilidad. Usar los mismos principios y métodos de año a año dentro de la compañía.

Consolidated balance sheet. Balance consolidado, estado de situación consolidado.

Consolidated financial statement. Estado financiero consolidado.

Consolidated income statement. Estado consolidado de resultado o utilidad. Estado de ingreso consolidado de dos o más subsidiarias.

Consolidating financial statement. Estado financiero de consolidación.

Consolidation. Combinación comercial donde dos o más corporaciones se unen.

Constant costs. Costos fijos.

Constant dollar accounting. Tipo de contabilidad que estipula que los activos o renglones tengan el mismo o igual valor del poder adquisitivo.

Constraints. Restricciones, compromisos.

Consumer. Comprador, consumidor, cliente.

Consumer goods. Bienes de consumo.

Consumer price index. Indice de nivel de precio que toma en consideración los precios de bienes y servicios comprados por una unidad familiar.

Consumption. Consumo, gasto.

Contest. Concurso.

Contingent. Contingencia, cuota.

Contingent liabilities. Pasivo contingente, deuda potencial que se puede convertir en un pasivo en el futuro.

Contra account. Contracuenta.

Contra asset account. Contracuenta de la cuenta de activos.

Contract. Contrato, escritura.

Contracting party. Parte contratante.

Contractor. Contratista.

Contribute. Contribuir.

Contributed capital. Capital contribuido por los accionistas. Capital aportado a la empresa por sus dueños.

Contribution. Aportación, contribución.

Contribution margin. Exceso de las ventas sobre costos variables. Cantidad de ingresos que queda después de deducir los costos variables.

Contribution margin ratio. Porciento de cada dólar en ventas después de deducir los costos variables.

Contribution to net earnings. Exceso de ganancia producida por un individuo sobre el control de gastos asignados.

Contributory. Contribuyente.

Control account. Cuenta control en el Libro Mayor. Cuenta en el Libro Mayor General que controla el Libro Mayor Subsidiario.

Control unit. Sección de la unidad central de procesar datos en el computador electrónico. Actúa como ayudante en la ejecución del programa.

Controllable costs. Costos en que el gerente tiene la autoridad para incurrir dentro de un período de tiempo dado.

Controllable factors in revenue planning. Cuando la gerencia controla el volumen de ventas de la empresa.

Controllable margin. Margen de contribución menor, costos fijos controlables.

Comptroller. Contralor.

Controlling interest. Controla sobre el 50% de acciones comunes de la compañía subsidiaria.

Conversion costs. Mano de obra directa y costos de manufactura incurridos en convertir la materia prima en bienes o productos terminados.

Convertible bond. Bono negociable, convertible en acciones comunes.

Convertible preferred stocks. Acciones preferidas que se pueden convertir en otros valores de mercado, tales como acciones comunes a un porciento en específico.

Cooperative. Cooperativa.

Co-partner. Co-socio, Co-propietario.

Copyright. Derechos reservados. Derecho registrado ante el o reconocido por el gobierno federal que permite que el dueño reproduzca o venda una obra o trabajo artístico publicado.

Corporation. Sociedad anónima, corporación. Negocio organizado como entidad legal separada y distinta, invisible y que existe en contemplación de la ley.

Correct. Correcto, cierto.

Correcting entries. Entradas para corregir errores cometidos al registrar la transacción.

Corrections. Correcciones.

Correspondence. Correspondencia.

Cost. Costo, precio.

Cost accounting. Contabilidad de costos. Un área que envuelve medición, registro e informe de los costos de la producción.

Cost accounting system. Cuentas del costo de manufactura que están completamente integradas dentro del Libro Mayor General de la compañía.

Cost behavior analysis. Estudio de cómo los costos en específico responden a los cambios en el nivel de actividad.

Cost center. Unidad de un negocio que incurre en gastos y costos que no generan directamente ingresos. Ej.: El departamento de personal.

Cost flow assumptions. Asignar valor a los inventarios y al costo de la mercancía vendida.

Cost method (for investments). Método contable en el cual la inversión en acciones comunes es inicialmente registrada al costo y mantenida al costo.

Cost of capital. Porciento mínimo deseado por una empresa en sus inversiones.

Cost of goods available for sale. Suma del inventario inicial más el costo de los bienes comprados.

Cost of goods or merchandise sold. Costo de la mercancía vendida.

Cost of goods purchased. Suma de las compras netas más los fletes o costos de transportación.

Cost of goods sold. Costo total de la mercancía vendida durante el período, determinado por la resta del inventario final del costo de la mercancía disponible para la venta.

Cost of inventory. Precio pagado por el inventario más costos de llevar la mercancía al lugar donde se ofrece a la venta.

Cost of production report. Informe de los costos de producción.

Cost or market whichever is lower. Método de evaluar inventarios al costo o mercado, el que sea más bajo.

Cost principle. Política usada para los activos al costo original.

Cost-volume-profit analysis. Estudio de los efectos de cambios en costos y volumen en las ganancias de la compañía.

Cost-volume-profit graph. Gráfica que muestra la relación entre costos, volumen y ganancias.

Cost-volume-profit income statement. Estado para uso interno que clasifica costos y gastos como fijos o variables y reporta el margen de contribución.

Costly. Costoso.

Credit. Crédito. Abonar una partida en el libro de cuentas.

Credit agency. Agencia de crédito.

Credit memorandum. Nota de crédito, memorando de crédito. Documento emitido por el vendedor al cliente indicando que el valor de la mercancía devuelta ha sido acreditado a su favor.

Credit sale. Venta a crédito.

Credit union. Cooperativa de crédito.

Crediter. Abonado en cuenta, acreedor.

Creditor. Acreedor, haber.

Creditor ledger. Mayor de acreedores.

Criteria. Criterio, juicio.

Cross reference. En el proceso de "postear" se refiere a registrar el número de la cuenta del Libro Mayor en el diario.

Cumulate. Acumular.

Cumulative dividends. Dividendos acumulativos de años anteriores.

Cumulative preferred stock. Acción preferente acumulativa.

Currency. Billetes o moneda metálica, valor corriente.

Current assets. Activos circulantes, activos corrientes.

Current cost. Costo que reemplaza el activo poseído, medida de cambio en precio específico.

Current liabilities. Pasivos circulantes, pasivos corrientes. Deudas que se pagan en menos de un año.

Current ratio. Razón de circulante, entre activo y pasivo circulante. Promedio corriente. Porciento o relación corriente. Ej.: AC $\div$ PC.

Current replacement cost. Costo para reemplazar partida o renglón del inventario por compra o re-producción.

Customers. Clientes.

Customers ledger. Mayor de clientes, Mayor de cuentas por cobrar.

Customhouse. Aduana.

Cycle. Ciclo, período contable.

Cycle billing. Sistema de facturar a los clientes en distintas fechas durante el mes o durante el año.

D

Data. Datos, información.

Data processing. Procesamiento de información para anotar, clasificar y resumir.

Date. Fecha.

Date of acquisition. Fecha de adquisición.

Date of declaration. Fecha en que la junta de directores declara dividendos.

Date of payment. Fecha en que se pagan los dividendos.

Date of record. Fecha en que se decide a qué accionistas se les pagará dividendos. Fecha de registro.

Deal. Comerciar, tratar, convenir.

Dealer. Comerciante, tratante.

Debenture. Vale, acción, obligación, bono con la garantía de emisor. No garantizado por un activo en particular.

Debenture bonds. Bonos no asegurados emitidos contra el crédito del que toma prestado.

Debit. Débito, cargo, deuda.

Debit balance. Saldo a su cargo, balance de débito.

Debit memorandum. Nota de cargo. Memorando de débito. Documento enviado por el comprador al vendedor comunicando que se ha debitado su cuenta por mercancía devuelta.

Debt. Deuda, pasivo, obligación.

Debt equity ratio. Pasivos fijos divididos entre capital corporativo.

Debt to total assets ratio. Mide el porcentaje del total de activos provistos por los acreedores dividiendo el total de la deuda por el total de activos.

Debtor. Deudor.

Decentralization. Proceso de asignar responsabilidades por segmentos o divisiones de las actividades de la empresa. El control de operaciones es delegado por la alta gerencia o muchos gerentes a través de la organización.

Decision making certainty or risk. Tomar decisiones con certeza o bajo riesgo.

Declaration date. Fecha en que la junta de directores declara los dividendos y lo anuncia a los accionistas.

Declared dividend. Dividendo declarado.

Declining balance method (see exhibit 19). Método de saldo decreciente. Método de reducir el balance. Método de depreciación que aplica a un porciento constante al valor en los libros de los activos y produce una disminución de depreciación anual sobre la vida útil del activo (véase apéndice 19).

Decrease. Disminuir.

Decree. Decretar.

Decrement. Decrecimiento, disminución.

Deduction. Descuento, rebaja, desfalco.

Deduction from gross income. Deducción a la utilidad bruta. Deducción del ingreso bruto.

Deductive. Deductivo.

Deed document. Escritura o título de propiedad.

Deem. Juzgar, determinar, estimar, formar dictamen.

De facto. De hecho. Se usa para indicar que una Corporación todavía no ha recibido aprobación por la ley del estado.

De jure. Conforme a derecho, en oposición a defacto. Corporación aprobada por el estado.

Default. Desfalco, apoderarse de bienes ajenos.

Deferment. Dilación, tardanza, diferimiento.

Deferred charges. Cargos diferidos. Gastos para cargarse en futuros períodos.

Deferred cost. Costo diferido, distribuido.

Deferred credit. Crédito diferido.

Deferred income tax. Impuestos diferidos por existir diferencias entre el ingreso contabilizado y el ingreso tributable.

Deferred revenue. Ingreso diferido, distribuido.

Deficit. Déficit, reducción, disminución.

Defined benefit plan. Plan de pensión en el cual los beneficios que los empleados recibirán al momento de su retiro son definidos.

Defined contribution plan. Plan de pensión en el cual la contribución de los patronos al plan es definida por los términos del plan.

Deflation. Disminución del nivel de precios, deflación.

Delegate. Comisionar, delegar, consentir.

Delegation of authority. Delegación de autoridad.

Delinquent tax. Impuesto debido y no pagado.

Delivery. Entrega.

Demand. Demandar, procesar.

Demand curve. Gráfica que muestra el volumen de ventas de una empresa con variación de precios.

Demand deposit. Depósito a presentación.

Demandant. Demandante, demandador.

Denote. Marcar, designar.

Department. Departamento.

Departmental. Departamental.

Departmental expense allocation. Proceso de ubicar los gastos indirectos de cada departamento dentro de una empresa.

Departmental income statement. Estado que refleja ganancias y pérdidas de cada departamento.

Departures. Salidas.

Depend. Contar con, confiar, depender.

Dependant. Dependiente.

Depending. Pendiente, dependiendo.

Depleted cost. Costo residual después de deducir el agotamiento acumulado.

Depletion. Vaciamiento, agotamiento. Se aplica a recursos naturales. Ej.: refinerías, petróleo. Eliminación sistemática del costo de los recursos naturales.

Depletion allowance. Deducción especial de agotamiento del cómputo del ingreso tributable.

Deposit. Depósito.

Deposit in transit. Depósitos que el banco no ha registrado al momento de enviar el estado de cuenta al cliente.

Deposit slip (or ticket). Hoja para depositar dinero en el banco.

Depreciate. Depreciar, bajar de precio.

Depreciated goods. Mercancía depreciada.

Depreciated value. Valor depreciado.

Depreciation. Depreciación. Aplica a los activos fijos tales como propiedad, planta y equipo. Reducción gradual de un activo fijo a través del uso y tiempo.

Depreciation cost. Costo depreciable. Cantidad total sujeta a depreciación.

Depreciation expenses. Gastos de depreciación.

Depreciation method. Método de depreciación.

Determinant of costs. Factores que determinan el nivel de los costos de las operaciones de la empresa.

Develop. Desarrollar.

Devote. Dedicar, aplicar.

Diagnosis. Diagnosticar, pronosticar condiciones y eventualidades de la empresa.

Differential. Cálculo diferencial.

Differential analysis. Proceso de identificar data financiera que cambian.

Differential cost. Costo marginal.

Direct approach. Acercamiento para determinar el efectivo neto provisto por actividades operacionales donde los recibos del efectivo de los ingresos son comparados con los gastos de pagos del efectivo.

Direct cost. Costo directo.

Direct charge-off method. Método de contabilizar las cuentas incobrables en que los gastos no son reconocidos hasta que se determine que la cuenta individual no tiene valor.

Direct costing. Proceso de asignar los costos a los productos o servicios a medida que van ocurriendo.

Direct fixed costs. Costos relacionados específicamente con la responsabilidad del centro e incurridos solamente para beneficiar al centro.

Direct labor. Mano de obra directa para convertir la materia prima en productos terminados.

Direct labor budget. Proyección de cantidad y costo de mano de obra directa para lograr los requisitos de producción.

Direct labor price standard. Tasa por hora que debe incurrirse para mano de obra directa.

Direct labor quantity standard. Tiempo requerido para hacer una unidad de producción.

Direct labor rate variance. Diferencia entre el costo laboral fijo y el costo directo laboral.

Direct labor usage variance. Ahorro en costo a base de unidades (horas) invertidas en el proceso de producción.

Direct material. Material directo o costos en la producción.

Direct material price standard. Costo por unidad de los materiales directos en que puede incurrirse.

Direct material quantity standard. La cantidad de materiales directos que pueden ser usados por unidad de productos terminados.

Direct posting. Traslado de las cuentas del Libro Mayor subsidiario directamente del documento de origen.

Direct selling activities. Actividades relacionadas con las ventas.

Direct write-off method. Método de registrar los gastos de cuentas incobrables donde los gastos son anotados e informados en el período en que la pérdida es descubierta.

Disbursable. Desembolsable.

Disbursement. Desembolso, partida de gasto.

Disburser. Pagador.

Disclaimed. Rechazado, denegado, no reclamado.

Disclosure. Declaración. Al descubierto. Revelar información financiera y relevante del resultado de las operaciones de la empresa. Notas al calce.

Discontinued operations. Disposición de un segmento significante de un negocio.

Discount. Descontar una nota por cobrar o pagaré en el banco. Descontar.

Discount earned. Descuento ganado.

Discount lost. Descuento perdido.

Discount note receivable. Descontar una nota por cobrar o pagaré en el banco.

Discount on stocks. Descuento en acciones.

Discount period. Período para acogerse al descuento.

Discountable. Descontable.

Discounted cash flow technique. Técnica de presupuesto de ´capital que considera el total de las entradas de efectivo estimado de la inversión y valor tiempo del dinero.

Discounter. Prestamista.

Discrepancy. Discrepancia, diferencia.

Discrete. Distinto, opuesto.

Dishonest. Fraudulento, engañoso.

Dishonestly. Violación de la con-

fianza o del fideicomiso, no pagar un documento.

Dishonor. Deshonestidad. No honrar.

Dishonored check. Cheque no pagado por el banco.

Disposable. Disponible.

Disposable income. Ingreso disponible.

Distribution. Distribución. Prorrateo.

District. Distrito.

Dividend. Dividendo.

Dividend payable. Dividendo por pagar.

Dividends in arrears. Dividendos acumulados.

Divisional performance analysis. Evaluación ejecutada de ganancias de un centro o división descentralizada.

Domestic corporation. Sociedad civil, corporación local.

Donate. Donar, contribuir, dar.

Donated capital. Capital donado a la corporación.

Donated stock. Capital donado en acciones.

Donated surplus. Superávit donado.

Donation. Donación.

Donator. Donador, donante.

Donee. Donatario, a quien se le hace la donación.

Doubt. Duda.

Double entry bookkeeping. Contabilidad por partida doble.

Double entry system. Sistema de contabilidad por partida doble.

Double taxation. Tributación doble, doble contribución.

Dozen. Docena.

Draft. Letra de cambio, giro.

Draft of a contract. Proyecto de contrato, giro de un contrato.

Drafted. Preparado en forma de borrador.

Drawee. Girado.

Drawer. Girador.

Drawing account. Cuenta de retiro de efectivo por los dueños de la empresa.

Drawn on. A cargo de, girado a.

Duality. Dualidad. Cada entrada contable debe tener débito y crédito.

Due. Vencido, devengado.

Dumping up. Vender a precios más bajos que los corrientes o existentes en el mercado.

Duty. Obligación, impuesto aduanal, deber.

Duty drawback. Concesión tarifaria que permite una rebaja de todos o parte de las obligaciones en mercancía importada para procesar antes de ser reportada.

Duty free. Exento, libre de obligación.

E

Earmark. Marca, señal, apropiado, restricción por ley.

Earn. Ganar, adquirir, devengar.

Earned capital. Ganancia retenida. Capital inicial más la ganancia neta del año de una corporación.

Earned income. Ingreso devengado o ganado.

Earning. Salario, jornal, paga, ganancia.

Earning per share. Ganancia por acción. Ingreso neto ganado por cada acción común en circulación. NI — WACSO = EPS.

Earthen. Terreno, arenoso.

Easement. Derecho de un terrateniente de beneficiarse de un terreno adyacente.

Economic. Económico.

Economic cost. Costo corriente.

Economic entity. Entidad económica. Grupo de corporaciones que funcionan como una sola entidad para lograr sus objetivos.

Economic good. Bien económico.

Economic life. Período de vida de un activo fijo. Vida útil.

Economic lot size. Número de unidades a ser ordenadas en una compra.

Economic yield. Rendimiento económico. Rendimiento neto por un gasto de un recurso en particular.

Economically. Económicamente.

Economically efficient operation. Cuando el rendimiento de la producción excede a los costos de la producción.

Economies. Economías.

Economist. Economista.

Economize. Ahorrar, administrar, economizar.

Economy. Actividad comercial de una región o país. Economía.

Effective interest method of amortization. Método de eliminar el descuento o prima del bono que resulte en gasto de interés periódico igual a un porcentaje constante del valor real del bono.

Effective pay rate. Porciento de pago efectivo.

Effectiveness. Eficiencia.

Effects. Bienes muebles o raíces. Efectos.

Effort. Esfuerzo.

Electronic computers. Computadores electrónicos. Máquinas que reciben, almacenan, analizan y registran información automáticamente a través de circuito electrónico.

Electronic funds transfer. Sistema de desembolsos que usa cable, teléfono, telégrafo o computadoras para transferir efectivo de una localización a otra.

Elements of financial statements. Definiciones de términos básicos usados en contabilidad.

Embezzlement. Persona que roba los fondos que se le confian. Abuso de confianza. Desfalco.

Employ. Emplear, comisionar.

Employee. Empleado.

Employee earning record. Récord de lo que gana cada empleado, deducciones y paga neta durante el año.

Employee's withholding exemption form or allowance certificate (W-4). Forma en la que se estipulan las exenciones a que tiene derecho el empleado. Aplica a empleados federales.

Employer's quarterly federal tax return. Formulario 941 usado por los patronos para informar la contribución retenida de los empleados cada tres meses.

Employment. Empleo.

Encumber. Sobrecargar, gravar, estorbar.

Ending inventory. Inventario final.

Endorse. Endosar.

Endorsed. Endosado.

Endorsee. Endosador.

Endorsement. Endoso, traspaso.

Endorser. Endosante.

Endowment fund. Fondos sin fines pecuniarios.

Engagement. Comprometido, fusionado.

Enhance. Enaltecer.

Enter. Entrar, anotar, asentar, registrar.

Enterprise. Empresa, negocio.

Enterprise accounting. Contabilidad empresarial.

Enterprise objetives. Objetivos de la gerencia en la empresa.

Entitle. Titular. Tener derecho a.

Entity. Entidad, personalidad legal.

Entity concept. Cualquier unidad legal o económica que controle los recursos económicos de una empresa.

Entrust. Dar un fideicomiso.

Entry. Asiento, entrada, registro de una transacción en un diario.

Envelope. Sobre.

EOM (End of the month). Fin de mes.

EOY (End of the year). Fin de año.

Error. Error, equivocación.

Equal. Igual, compensar.

Equation. Ecuación, fórmula.

Equipment. Equipo (activo fijo).

Equity method. Método usado para informar las inversiones a largo plazo. La inversión en las acciones comunes es inicialmente registrada al costo y luego se van haciendo ajustes anuales para mostrar la equidad del inversionista.

Equivalent full units. Número equivalente de unidades completadas de productos manufacturados durante un período de contabilidad. Se da consideración a los inventarios iniciales de los bienes en proceso de manufacturación.

Equivalent units of production. El trabajo realizado durante el período en las unidades físicas expresado en términos de unidades ampliamente completadas.

Equivalent whole unit. Equivalente de unidades de producción después de rebajar el costo por unidad de producción.

Escapable costs. Costos que se reducen a cero cuando una operación o producto es descontinuado.

Establish. Fijar, establecer, sancionar.

Establishment. Establecimiento, ley, estatuto, domicilio, colocación.

Estate. Bienes, propiedad, bienes raíces o inmuebles.

Estate tax. Impuesto sobre bienes raíces.

Estimate. Cálculo, tasa, estimación, presupuesto. Costo aproximado.

Estimated cost. Costo estimado.

Estimated uncollectibles. Estimado para cuentas incobrables.

Ethic principle. Principios de ética, de moral.

Ethics. Etica, filosofía, moral.

Event. Acontecimiento, suceso.

Evidence. Testimonio, prueba, declaración, evidencia.

Except. Excepto.

Exchange. Cambio, trueque o permuta.

Exchange rate. Valor de una moneda expresado en términos de otra moneda.

Excise tax. Impuestos por ventas.

Exclusions. Ciertos ingresos que pueden ser excluídos del ingreso tributable.

Ex-dividend. El pago de dividendos de una corporación.

Ex-dividend date. Tres días antes de

la fecha de registro de pago de dividendos.

Executive. El gobierno, ejecutivo, oficial.

Exempt. Exento, libre de impuesto.

Exemption. Exención, franquicia, exoneración

Exercise. Ejercicio, trabajo.

Exercitation. Ejercitación, práctica.

Exhibit. Exhibir, manifestar, documento fehaciente, renglón, apéndice.

Exordium. Prefacio, introducción.

Expectations. Reclamos, expectativas.

Expected life. Vida estimada de un activo. Vida útil.

Expected value. Valor calculado o estimado.

Expendable fund. Fondo aplicado por acción administrativa con un propósito en específico o general.

Expenditure. Gasto, desembolso.

Expense. Gasto.

Expense account. Cuenta de gastos.

Expense budget. Presupuesto de gastos.

Expenseless. Poco o nada costoso.

Expensive. Costoso, caro.

Experience. Experiencia.

Expert. Experto, especialista.

Expired cost. Costo vencido.

Expired utility. Servicio o utilidad terminada de un activo.

Explain. Explicar.

Explanatory. Explicativo.

Exposure. Extensión de un riesgo.

Express. Expresar.

Extended coverage. Extender la cubierta de un contrato de seguro.

Extension. Extensión.

External audit. Auditoría externa. Intervención dentro de la empresa.

External guides. Principios básicos en el desempeño de las organizaciones externas.

External users. Usuarios externos, de afuera de la empresa.

Extra. Extra, adicional.

Extra dividend. Dividendo adicional.

Extract. Extraer, compendiar.

Extraordinary expense. Gasto en que no se incurre con frecuencia.

Extraordinary items. Partidas extraordinarias. Ganancias y pérdidas que no surgen con frecuencia y que no son parte de las operaciones dia-

rias de la empresa. Son poco usuales
e infrecuentes.

Extraordinary repairs. Reparaciones infrecuentes de planta y equipo.
El beneficio se extiende a varios
períodos contables.

F

Face amount. Valor nominal. Cantidad nominal.

Face value. Valor nominal.

Fact. Hecho, acción.

Faction. Parcialidad.

Factor. Comisionado, agente que produce un resultado, factor.

Factor of production. Factor de producción, como terreno, capital, empleo, trabajo, administración.

Factory. Fábrica, manufactura, establecimiento de comercio, factoría.

Factory cost. Costo de producción.

Factory expenses. Gastos de producción.

Factory labor. Salarios o jornales ganados por los empleados que trabajan directamente en la mano de obra.

Factory overhead. Costo de manufactura excluyendo los costos directos y de materia prima.

Factory overhead rate. Porciento de los costos de manufactura estimados de los costos directos.

Factory payroll. Cuenta temporera en el sistema de contabilidad de costos usada para acumular los costos de la nómina de las operaciones de la manufacturación.

Fair. La concurrencia de mercaderes o negociantes en un lugar y día señalado para vender o comprar. Justo, legal. Mercado libre.

Fair market value. Valor correspondiente del mercado. Valor justo del mercado.

Fairness. Honradez, claridad, autenticidad.

Fair trade price. Negociación justa en los precios del mercado.

Fair value. Valor justo o razonable.

Fanout. División de una cuenta en dos o más.

Fare. Costo de viaje, pasaje.

Features. Rasgos.

Federal income tax withheld. Ingreso federal retenido. Contribución federal sobre ingresos retenida.

Federal Reserve Bank. Banco de Reserva Federal. Ejerce autoridad y supervisión sobre los bancos comerciales miembros.

Federal Reserve System. Sistema Federal de Reserva. Suple dinero a bancos miembros.

Federal Trade Commission. Agencia federal que vela por la libre empresa.

Federal unemployment compensation. Compensación federal por desempleo.

Federal unemployment taxes. Impuesto que paga el patrono para proveer beneficios por tiempo limitado a los empleados que hayan perdido sus empleos.

Feedback. Retroalimentación.

Fees. Honorarios, dinero que se recibe por servicios prestados. Cuotas.

FICA (Federal Insurance Contribution Act). Ley Federal de Contribución de Seguros. Aportación al seguro social federal. Impuesto designado para proveer a los trabajadores retiro suplementario, incapacidad y beneficios médicos.

Fidelity bond. Fianza de fidelidad, seguro contra pérdida acarreada por fraude, bono de fidelidad.

Fiduciary. Fiduciario, depositario, fideicomisario. Persona o entidad que custodia bienes ajenos.

FIFO (First in first out). Primero en entrar, primero en salir. Aplica a inventarios. Método de computar el costo de inventario y el costo de la mercancía vendida basado en que la primera mercancía adquirida debe ser la primera en venderse. Inventario final son las unidades recientes.

Fill. Llenar, cumplimentar.

Finance. Ciencia de los negocios monetarios, manejo pecuniario, renta, utilidad o beneficio que se obtiene anualmente de una posesión. Finanza.

Financial. Rentístico, monetario.

Financial accounting. Contabilidad financiera. Rama de la contabilidad que provee información a los que toman decisiones de una empresa desde afuera.

Financial Accounting Standards Board (FASB). Organización privada que establece los principios generalmente aceptados de contabilidad.

Financial condition. Condición o posición financiera o económica de una empresa.

Financial expenses. Gastos relacionados con el financiamiento de la empresa. Ejemplo: Gastos por intereses.

Financial leverage. Magnificador financiero. Uso del pasivo para aumentar el capital y ganancia por acción.

Financial position. Situación financiera o económica.

Financial report. Informe financiero.

Financial situation. Situación financiera.

Financial statement. Estado financiero.

Financial statement ratio. Fracción, porciento de una partida relacionada con otra.

Financing activities. Flujo de las actividades del efectivo que envuelven pasivos y partidas de capital e incluye: (a) obtener efectivo de los acreedores y pagar cantidades tomadas prestadas. (b) obtener capital de los dueños y proveerles con un rendimiento en la inversión.

Financing method. Para las corporaciones incluye emisión de bonos y acciones.

Findings. Hallazgos.

Finished goods (or stocks). Productos terminados o manufacturados.

Finished goods inventory. Inventario de bienes o productos elaborados.

Finisher. Consumador. El que elabora finalmente el producto.

Finite. Limitado.

Firm. Firma, cantidad, razón social, entidad comercial.

Firm policy. Política, norma, principio, reglamento de una firma.

First in-first out (see FIFO). La primera mercancía comprada debe venderse primero. Aplica a inventario de mercancía. Presume que los costos de la mercancía que se compra primero son los que deben ser reconocidos como costo de la mercancía o bienes vendidos. (véase FIFO).

First mortgage. Primera hipoteca.

Fiscal period. Período fiscal.

Fiscal year. Año fiscal. Cubre el período de un año.

Fixed budget. Presupuesto fijo.

Fixed capital. Capital fijo. Capital invertido en activos permanentes.

Fixed charges. Cargos fijos.

Fixed costs. Costos fijos. Costos que se mantienen fijos sin importar los cambios de nivel de actividad.

Fixed expenses. Gastos fijos.

Fixed liability. Pasivo fijo. Obligación a largo plazo.

Fixture. Instalaciones, enseres.

Flexible budget. Proyección de información de presupuesto para varios niveles de actividad.

Float. Depósitos no cobrados que han sido acreditados condicionalmente por un banco a sus clientes.

Flow of funds. Afluir de fondos. Transferencia de valores económicos de un valor de un activo a otro.

F.O.B. (destination). Vendedor paga los costos hasta que la mercancía llegue al comprador.

F.O.B. (Free on board). Libre a bordo.

F.O.B. (Shipping point). El comprador paga los costos de transportación hasta el lugar convenido.

Folio. Hoja, folio, página numerada de un libro o registro.

Folio reference. Referencia, página, página de referencia.

Follow. Siguiente, seguir, dar seguimiento.

Footnote. Nota al calce.

Footing. Establecimiento, estado, condición. Posición fija, notas al calce, suma en números pequeños, preferiblemente a lápiz.

Forecast (financial). Proyecciones financieras para el futuro.

Foreign. Foráneo, extranjero.

Foreign built. Construído en el extranjero.

Foreign corporation. Corporación extranjera o foránea.

Foreign exchange. Intercambio exterior, o comercio extranjero.

Foreign office. Ministerio de estado o de negocios extranjeros.

Foreign products. Productos exóticos. Productos extranjeros, foráneos.

Forge. Falsificar, falsear, fragua, fábrica de metales.

Forger. Falsificador, engañador, impostor.

Forgery. Falsificación, fraude.

Form. Forma.

Forward. Delantero, llevar adelante.

Franchise (license). Franquicia, permiso, privilegio concedido por el gobierno sujeto a normas y reglamentos para vender ciertos productos, rendir ciertos servicios o usar marcas registradas dentro de un área geográfica designada.

Fraud. Fraude, despilfarro de fondos.

Fraudful. Fraudulento, engañoso.

Fraudless. Libre de fraude.

Fraudulence. Fraudulencia.

Fraudulent financial reporting. Acto u omisión intencional de alguna información en los estados financieros.

Fraught. Cargar.

Free on board. Libre a bordo.

Freight. Fletar, cargar. Flete y acarreo.

Fringe. Beneficio marginal que usufructúan los empleados. Ej.: Pensión.

Fulfill. Colmar, llenar, cumplir, realizar.

Full cost approach. Capitalización de los costos de exploración y los gastos incurridos durante la vida útil del intangible.

Full disclosure principle. Suficiente información relevante que se debe proveer a los usuarios de los estados financieros.

Fullfillment. Cumplimiento, desempeño, ejecución, colmo.

Fully. Lleno, repleto, amplio.

Fully diluted earning per share. Ganancia por acción común presumiendo que las acciones han sido emitidas de acuerdo al contrato.

Fully participating. Participan de un porciento adicional de dividendos hasta donde participan los accionistas comunes.

Function. Función, desempeño de un empleo u oficio.

Functional classification of marketing costs. Proceso de clasificar los costos del mercado con las diferentes funciones de la empresa. Pu-

blicidad, promoción, transportación, etc.

Functionary. Empleado, funcionario.

Fund. Fondo, efectivo, dinero.

Funded. Consolidado, convertido en préstamo permanente.

Funded debts. Deuda pasiva, obligación respaldada con fondos o con valores.

Funds. Fondos, efectivo, caja, capital de trabajo, recursos, dinero.

Funds statement. Estado de cambios en la posición fianciera.

Fungible. Fungible, que se consume y se agota con el uso y el tiempo.

G

Gain. Ganancia, beneficio, ingreso.

General and administrative expenses. Gastos generales y administrativos.

General balance. Balance general. Estado general.

General Journal. Libro o diario general.

General meeting of the board of directors. Junta general de la mesa directiva. Asamblea de la junta de directores.

General partnership company. Compañía, asociados.

General purpose financial statement. Informes contables que son usados por diferentes grupos para tomar decisiones.

Generally accepted accounting principles (GAAP). Grupo de conceptos, ideas y reglas que sirven como base para preparar los informes financieros de una empresa. Principios generalmente aceptados de contabilidad.

Gift. Regalo, premio, donación.

Glamour. Encanto, fascinación, embeleso, ficticio, llamativo.

G.N.P. (Gross National Product) Implict price deflator. Indice de nivel de precios que toma en consideración los precios de todos los bienes y servicios en la economía.

Goal. Meta, término, finalidad, objetivo.

Goal congruence. Integración de los sub-objetivos para lograr un objetivo final específico.

Going concern. Empresa en marcha, empresa en progreso.

Going-concern assumption. Presunción de que la empresa continuará en operaciones lo suficiente para llevar a cabo sus objetivos y compromisos.

Goods. Mercancía en producción. Bienes en proceso de elaboración.

Goods and services. Bienes y servicios.

Goods in process. Mercancía en producción.

Good turn. Servicio en recompensa de un favor. Movimiento favorable de mercancía.

Goodwill. Reputación, prestigio, buen nombre, crédito, plusvalía. Valor de todos los atributos favorables relacionados con la empresa.

Grant. Conceder, dar, otorgar, transferir. Transferir el título de una propiedad.

Grantee. Concesionario.

Gratuitous. Gratuito, sin costo.

Gross earning. Utilidad bruta, ganancia bruta.

Gross income. Utilidad bruta, ingreso o beneficio bruto.

Gross loss. Pérdida bruta.

Gross margin. Margen bruto, utilidad bruta. Exceso del precio de venta sobre costo directo de los productos vendidos.

Gross margin method. Método para estimar el costo de la mercancía vendida y el inventario final.

Gross National Product. Producto nacional bruto. Bienes y servicios vendidos por personas naturales en un país.

Gross price method. Sistema de registrar las facturas por cantidad bruta sin deducir los descuentos.

Gross profit. Utilidad bruta, ganancia o beneficio bruto. Exceso de las ventas sobre el costo de la mercancía vendida.

Gross profit method. Método de estimar el costo del inventario final basado en que el porciento de ganancia bruta se mantendrá constante de año en año. Se estima el inventario final aplicando un porciento de ganancia bruta a las ventas netas.

Gross profit on sales. Utilidad bruta, ganancia o beneficio bruto en ventas.

Gross sales. Ventas brutas (total de las ventas antes de deducciones).

Ground. Fundar, tierra, heredad, posesión.

Group method. Método de computar depreciación donde un grupo de activos similares son agrupados para hacer el cómputo.

Guarantee. Asegurar, contra pérdida o daño. Garantizar.

Guarantor. Fiador, garantizador.

Guaranty. Garantía, caución, fianza.

H

Handle. Manejar, manipular.

Head of household. Jefe de familia. Persona que, aunque no casada, representa a una familia para exención de la contribución sobre ingresos.

High low method. Método matemático que usa el total de costos incurridos a niveles altos y bajos de actividad.

Highlight deviations. Desviaciones, altas, rumbos, alzas, cambios.

Highlights. Puntos sobresalientes, relevantes.

Historical cost. Costos reales ya incurridos opuestos a los costos planeados o fijos.

Historic standards. Prácticas basadas en experiencias anteriores.

Holding company. Firma, empresa o compañía que controla las actividades de sus subsidiarias.

Holding gain. Exceso del precio de los bienes reemplazados sobre el costo de los bienes originales. Retención de ganancias.

Horizontal analysis. Comparación del cambio de un renglón o partida en un estado financiero, tales como inventarios, durante dos o más períodos de contabilidad.

Horizontal audit. Método que usan los contadores públicos autorizados para examinar las operaciones internas de una empresa o firma.

I

Ideal standards. Estándares basados en el nivel óptimo de desempeño dentro de las condiciones de operación perfecta.

Idel capacity loss. Porción de la capacidad total (costos fijos) que no se utiliza ni aplica completamente a las unidades producidas.

Idle money. Dinero estático que no produce. Dinero muerto. Dinero ocioso.

Illusory profits. Ganancia informada sobre la base de los costos históricos como resultado de la inflación.

Implied. Implícito, tácito, sobre entendido.

Improve. Mejorar, aumentar o perfeccionar. Subir, superarse, aumentar de valor.

Improvement. Mejoramiento.

Improver. Enmendador, perfeccionador.

Imputed interest. Interés atribuido.

Incapable. Incapaz.

In care of. A su cargo, a su cuidado, al cuidado, al cuidado de.

Income. Ingreso, renta, entrada, utilidad o beneficio de un período determinado.

Income account. Cuenta de ingresos.

Income and expense. Pérdida y ganancia. Ingreso y gasto.

Income earned. Ingreso devengado o ganado.

Income from operations. Ingreso de las actividades operacionales de una empresa determinado por la resta del costo de la mercancía vendida y los gastos operacionales de las ventas netas.

Income ratio. Las bases para dividir el ingreso neto y la pérdida.

Income statement. Estado de ingresos. Informe de los ingresos y gastos, para determinar la ganancia neta de la empresa. Estado de ganancias y pérdidas.

Income tax. Impuesto sobre la renta. Contribución sobre ingresos.

Income tax expenses. Gastos de contribución sobre ingresos. Porción de dinero que se le deduce a un empleado de su salario para pagar la contribución sobre ingresos.

Income tax method. Método para calcular la contribución sobre ingresos.

Income tax regulations. Reglamento impuesto por el Secretario de Hacienda o Comisionado de Rentas Internas para determinar la contribución sobre ingresos.

Increase. Aumento, incremento, impulso, auge, ímpetu, producto, provecho.

Increaser. Productor, aumentador.

Incremental analysis. Proceso de identificar la data financiera que cambia dentro de los cursos de acción.

Indebted. Adeudado.

Indebtedness. Calidad y estado de deudor.

Indebtment. Condición de adeudado.

Indent. Contratar, pactar.

Indenture. Carta, partida, escritura o contrato que se hace formando dos copias unidas y semejantes.

Independent. Propietario, rentista.

Independent account. Cuenta independiente.

Index. Indicio o señal. Indice.

Index number. Número índice.

Indicator. Indicador.

Indirect approach. Un acercamiento para preparar el estado de flujo de efectivo en el cual el ingreso neto es ajustado por partidas que no afectaron el efectivo para reconciliarlo al efectivo neto provisto por las actividades operacionales de la empresa.

Indirect cost (see Overhead). Costo indirecto.

Indirect expense. Gasto indirecto.

Indirect fixed costs. Costos en que se ha incurrido para beneficiar más de un centro de ganancias.

Indirect labor. Trabajo de empleados de factoría que no están asociados físicamente con el producto terminado o es impráctico trazar los costos a los bienes producidos.

Indirect liability. Pasivo indirecto. Obligación no incurrida, pero pendiente de realizarse.

Indirect material. Material indirecto, relacionado con los costos o gastos de manufacturación.

Infant industry. Industria naciente.

Inflation. Cuando los precios exceden de los niveles normales.

Inflows. Entradas de efectivo.

Inform. Informar.

Information. Información, data.

Information return. Información que se le suministra al gobierno sobre la condición financiera y económica de la empresa.

Information system. Sistema que suministra información a los que toman decisiones, tales como inversionistas, gerentes, dueños, etc.

In full of account. Saldo de cuenta.

Inheritance. Herencia, patrimonio.

Inheritance tax. Impuesto sobre herencias.

Inheritor. Heredero.

Initiate. Iniciar, empezar.

Input. Entrada, fuerza necesaria, potencia absorbida.

Input controls. Medidas para asegurar la exactitud de la información entrada en la computadora.

Input devices. Elemento de una computadora que se usa para preparar e insertarle información.

Inquiries. Reclamos, requerimientos, investigaciones.

Insolvency. Insolvencia, incapacidad de pagar las deudas a su vencimiento.

Installment. Abono, pago parcial, plazo.

Installment accounts receivable. Cuenta de activo que refleja las cantidades que deben los clientes de mercancía vendida a crédito.

Installment method. Provee el medio para reconocer la ganancia realizada a plazo de un contrato según se vaya recibiendo el efectivo. Reconocer los ingresos usando como base el efectivo.

Installment notes receivable. Notas que proveen para cobrar periódicamente intereses y principal sobre un período de tiempo definido.

Installment sales. Venta plazos, en bonos.

Instruction. Instrucción, enseñanza.

Insurance. Seguro, ya sea de vida, caudal u objetos. Prima que paga el asegurado al asegurador.

Insurance register. Registro para anotar las pólizas de seguro.

Insurer. Asegurador, casa o compañía aseguradora.

Intangible assets. Activos intangibles patentes, plusvalías, concesiones, derechos reservados. Derechos, privilegios, ventajas competitivas que resultan del patrimonio de los activos de larga vida útil que no poseen substancia física.

Intercompany eliminations. Ajustes que eliminan transacciones entre compañías relacionadas. Eliminaciones para excluir efectos de transacciones entre compañías en la preparación de estados condensados.

Intercompany transactions. Transacciones entre compañías afiliadas.

Interest. Interés, crédito, cargo por uso de dinero o capital.

Interest accrued. Interés acumulado, devengado durante el ciclo o período de contabilidad.

Interest bearing note. Documento que devenga el pago de intereses.

Interest earned. Intereses ganados, intereses devengados.

Interest expenses. Intereses pagados, causados a cargo de la empresa. Gastos de intereses.

Interest income. Interés ganado, devengado o percibido.

Interest payable. Interés por pagar, interés adeudado.

Interim financial statements. Estados financieros que se preparan dentro de períodos o ciclos contables.

Interim periods. Períodos mensuales, trimestrale o semestrales.

Internal. Interno, dentro.

Internal auditor. Auditores de la misma empresa que intervienen en el proceso interno de la empresa. Interventores de la misma empresa.

Internal rate of return method. Método usado en presupuesto capital que resulta en buscar el verdadero rendimiento del interés de una inversión potencial.

Internal revenue code. Código de rentas internas. Reglamento o ley sobre contribuciones.

Internal transaction. Transacción interna, entrada contable que refleja el período de ajustes de gastos pagados por adelantado, intereses acumulados.

Internal users. Usuarios internos, de adentro de la empresa.

Interperiod allocation of income taxes. División de los gastos de la contribución sobre ingresos entre varios períodos de contabilidad.

Interpole. Interpolar.

Intervene. Intervenir.

Intervention. Intervención, asistencia, concurrencia en algún negocio.

Interview. Entrevista, conferencia.

Intestable. El que no puede testar legalmente.

Into. Entrada en.

Intraperiod income tax allocation. División de gastos de contribución sobre ingresos entre las secciones ordinarias y extraordinarias en el estado de ingresos.

Intraperiod tax allocation. Proceso de asociar la contribución sobre ingreso con la partida específica que directamente afecta la contribución sobre ingreso por el período.

Inventoriable costs. La combinación del costo del inventario inicial y el costo de los bienes comprados durante el período.

Inventory. Inventario.

Inventory control. Llevar control del inventario del negocio.

Inventory profits. Porción de ganancia neta informada considerada ficticia porque el costo de la mercancía vendida es menor al costo de la mercancía reemplazada.

Inventory reserve. Reserva de inventario o existencia de mercancía.

Inventory summary sheets. Lista de cantidades y costos de cada renglón o partida de inventario como resultado de un inventario físico.

Inventory turnover. Rotación del inventario, reemplazo de la inversión de mercancía disponible durante un período determinado. Se divide el costo de la mercancía vendida por el inventario promedio.

Inventory valuation. Evaluación de inventario.

Inventory variation. Variación en el inventario.

Invest. Invertir, emplear o poner dinero en valores o propiedades.

Invested capital. Capital invertido, cantidad de capital aportado a la empresa por los socios o los dueños.

Investigate. Investigar, averiguar.

Investigative report. Informe que se prepara internamente para considerar la situación económica y financiera de la empresa.

Investing activities. Actividades del flujo del efectivo que incluyen: (a) prestar dinero y cobrarlos (b) adquirir y disponer de inversiones y activos fijos productivos.

Investiture. Instalación.

Investment. Inversión.

Investment adviser. Consejero o asesor profesional en problemas de inversiones.

Investment center. Centro de responsabilidad que incurre en costos, genera ingresos y tiene control sobre las inversiones de los fondos disponibles para usarse.

Investment company. Compañía de inversiones. Organización que se encarga de efectuar las inversiones de sus clientes.

Investment in affiliated companies. Inversión a largo plazo en compañías afiliadas.

Investment in life insurance. Inversiones en contratos o pólizas de seguros de vida.

Investment portfolio. Retención de valores de diferentes corporaciones.

Investment tax credit. Ley que concede deducir hasta 10% del costo de ciertas propiedades compradas dentro de un período contable de la Contribución sobre Ingresos.

Investor. Inversionista. Persona que invierte dinero o capital en una empresa para obtener ganancias.

Invoice. Factura.

Invoice book. Libro de facturas.

Invoice cost. Costo de factura.

Invoice register. Registro de facturas. Libro de entradas originales en forma de tabla para registro de facturas.

Irreducible. Que no se puede reducir. Irreductible.

Irregularity. Irregularidad, discrepancia, errores contables.

Irrelative. Sin regla, sin orden.

Irresoluble. Que no se puede resolver ni determinar. Incierto.

Issuance. Emisión, expedición.

Issue. Emitir, publicar, editar, emisión de valores.

Issued capital (Stock). Emisión de capital en acciones. (Capital emitido).

Issuing. Salida, emisión.

Item. Partida, artículo, párrafo, renglón.

Itemized deductions. Detallar las deducciones en la planilla de contribución sobre ingresos.

Itinerary. Itinerario, guía, libro.

J

Job. Trabajo, empleo.

Jobber. Corredor de valores en el mercado.

Job cost card. Subsidiario para anotar el inventario en proceso.

Job cost sheet. Forma usada para registrar los costos cargados a una tarea y determinan el costo por unidad del trabajo terminado.

Job lot. Porción, tarea, por ajuste.

Job order. Orden de trabajo.

Job order cost accounting. Sistema de inventario perpetuo para registrar los costos de manufactura.

Job order cost system. Sistema de contabilidad de costo en que el punto focal del costo es una cantidad de producto conocido como tarea o lote, renglón o partida. Los costos son asignados a tareas o lotes.

Join. Asociarse, unirse, juntarse.

Joint account. Cuenta mancomunada. Cuenta en conjunto.

Joint liability. Obligación o deuda mancomunada.

Join ownership. Unir patrimonio o capital. Co-propiedad.

Joint product costs. Costos incurridos hasta el punto de distribución.

Joint products. Productos de significante ingreso que generan habilidad manufacturada de una materia prima sencilla.

Journal. Diario, relación de lo que sucede día a día.

Journal book. Libro de diario. Libro o diario de entradas originales.

Journal entry. Asiento de diario, entrada de diario, jornalizar.

Journal voucher. Póliza de diario. Registro de comprobantes. Libro o diario de comprobantes.

Journalize. Anotar o registrar en el diario.

Judge. Juzgar, pasar juicio. Juez, árbitro.

Judgment. Juicio, justificación, cantidad vencida que deberá cobrarse como resultado de una orden del tribunal.

Judicable. Que puede ser probado o juzgado.

Judicatory. Tribunal de justicia.

Junior accountant. Contador principiante. Principiante de contabilidad.

Just-in-time processing. Sistema que produce el producto según se va necesitando y elimina el inventario de la manufacturación.

K

Keypunch machine. Máquina perforadora de tarjetas donde transfiere información que será utilizada por otra máquina de procesar datos.

Keystone. Piedra angular, clave.

Kind. Clase.

Kiting. Acto de girar y cambiar un cheque no registrado en el banco.

L

Labor cost ratio. Costos fijos de mano de obra directa divididos por el costo actual.

Labor price variance. Diferencia entre la tasa actual y la estándar de las horas trabajadas.

Labor quantity variance. Diferencia entre las horas reales trabajadas y horas estándar por la tasa estándar.

Labor rate variance. Diferencia entre el porciento de mano de obra fijo y del porciento real multiplicado por horas reales.

Labor usage variance. Diferencia entre horas de mano de obra fijas y horas de mano de obra reales multiplicadas por el porciento de horas fijas.

Lag. Intervalo entre un suceso y otro. Intervalo entre recibo y depósito de efectivo.

Laity. Cuerpo de personas fuera de profesión.

Land. Factor de producción, bienes raíces, continente, terreno, tierra.

Land held for future use. Terreno que mantiene una empresa para darle uso en el futuro. Activo fijo. Inversión a largo plazo.

Land improvements. Mejoras al terreno.

Land jobbing. Especulación en la compra y venta de bienes raíces.

Land office. Oficina de catastro. Oficina de venta de terrenos.

Landing. Desembarco, descenso.

Landjobber. Corredor de bienes raíces.

Landlord. Hacendado. El que tiene patrimonio. Acaudalado, terrateniente.

Land-poor. Poseedor de tierras que dan rentas insuficientes para pagar los gastos.

Landtax. Impuesto predial. Impuesto sobre terreno.

Language. Lenguaje, sistema de símbolos (visual u oral) para dar significado.

Lapping. Pillaje, desfalco, derroche de fondos.

Lapse. Prescribir, caducar, traslado de derecho o dominio, período. Pasado. Lapso.

Last in-first out. Método para valuar el inventario, últimas entradas, primeras salidas. Método de evaluar el costo de la mercancía vendida usando el precio pagado por las unidades más recientes. Inventario final estimado por unidades primeramente adquiridas.

Latter. Ultimo, final.

Law. Ley, norma, constitución o estatuto.

Law of the land. Ley que regula la cantidad de terreno que puede poseer una persona o empresa en un país.

Lay days. Número de días en que un barco puede ser descargado sin penalidad.

Lease. Arrendar, contrato de arrendamiento. Contrato entre arrendador y arrendatario que concede el derecho a usar una propiedad en específico por un período de tiempo a cambio de pagos en efectivo.

Leasehold. Prepago dándole el derecho al arrendatario a usar la propiedad por un período de tiempo.

Leaseholder. Arrendador.

Ledger. Libro Mayor, libro de cuentas, Libro Mayor General.

Ledger assets. Libro para registrar los activos.

Ledger journal. Registro tabular que funciona como diario y como Libro Mayor.

Legacy. Legado, herencia.

Legal. Lícito, legal, jurídico.

Legal capital. Cantidad por acción que debe ser retenida para proteger la corporación.

Legal entity. Persona o entidad jurídica.

Legal reserve. Reserva legal.

Legal value. Cantidad que por ley debe permanecer en la firma. En caso de corrupción esta cantidad no debe ser reducida por dividendos.

Lessee. La parte que tiene la propiedad rentada.

Lessor. Dueño de propiedad rentada.

Letter. Carta, misiva.

Letter of credit. Carta de crédito. Autorización bancaria a un exportador para que retire fondos o recoja mercancía en el muelle o sitio de destino.

Letter of exchange. Letra de cambio.

Letter of licence. Memoria, espera. Documento de concesión de licencia.

Letter of attorney. Poder, procuración.

Leverage. Magnificador operacional.

Leveraging. Tomar dinero prestado a una tasa de interés bajo.

Levy. Embargo de bienes.

Liability. Pasivo, obligación, responsabilidad, deuda.

Lien. Enajenar, ajeno. Embargo preventivo.

LIFO (see Last in-first out). Ultimas entradas, primeras salidas. Aplica a inventario, véase (Last in-first out). Presume que los costos de

.as últimas unidades compradas son las primeras que deben ser consideradas o ubicadas al costo de los bienes vendidos.

Limited. Sociedad de responsabilidad limitada. Limitado.

Limited liability. La corporación es responsable por todas las obligaciones como entidad legal separada.

Limited partnership. Sociedad limitada.

Line of authority. Autoridad que ejerce un superior sobre un subordinado. Autoridad de mando.

Line of credit. Línea de crédito.

Liquid assets. Activos líquidos fáciles de convertir en efectivo.

Liquidate. Ajustar las cuentas, liquidar.

Liquidating dividends. Dividendos para liquidación. Dividendos para ser distribuidos entre los accionistas. Dividendos declarados fuera del capital de la corporación.

Liquidation. Proceso de convertir los activos en efectivo, pagar deudas y distribuir el residual entre los dueños.

Liquidity ratio. Medida de la habilidad de la empresa para pagar obligaciones a su vencimiento y prepararse para las necesidades de efectivo.

List. Lista.

List of receipts. Documentos que incluyen información detallada de todos los recibos de dinero y sus recursos.

List price. Precio de lista. Precio original.

Loading. Cargos adicionales en un contrato.

Loan. Préstamo.

Long lived assets. Período de duración de un activo. Vida útil.

Long-range planning. Selección de estrategias para lograr objetivos a largo plazo y desarrollo de políticas y planes para implementar estrategias.

Long-term. A largo plazo.

Long-term capital gain or loss. Ganancia o pérdida en el activo. Capital que se retuvo por más de seis meses. Aplicable a Ley Federal de Contribución sobre Ingresos.

Long-term contract. Contrato a largo plazo.

Long-term debt. Créditos diferidos, pasivo, deuda a largo plazo.

Long-term investments. Inversiones a largo plazo. Inversiones que no están listas para mercadeo o que la gerencia no intenta convertirlas en efectivo hasta el próximo año o ciclo operacional cual fuere más largo.

Long-term lease. Contrato de arrendamiento a largo plazo.

Long-term liabilities. Deudas, obligaciones, pasivos a largo plazo. Se pagan por más de un año.

Loss and gain. Pérdida y ganancia.

Losses. Pérdidas.

Lost discount. Descuento perdido.

Lot. Lote, grupo. Asignar, distribuir en cuotas.

Lower of cost or market. Precio de costo, mercado o cual fuera más bajo que se toma en consideración de un Estado de Situación para informar el inventario de la mercancía. Método para evaluar inventario. Se establece el inventario al costo o mercado cual fuere más bajo.

Lump. Vender o comprar en conjunto.

Lump-sum purchase. Compra masiva, por lote o grupo. Transacción sencilla en la cual más de un tipo de activo es adquirido.

M

Machine. Máquina.

Machine hour rate. Relación o porciento de costo por hora de trabajo realizado por una máquina aplicada a bienes en proceso de elaboración.

Magnetic tape. Cinta magnética donde la información puede ser almacenada.

Mail. Correo, correspondencia.

Maintain. Mantener, sostener.

Maintenance. Mantenimiento, poner la propiedad en condiciones operantes.

Maintainer. Patrón, mantenedor.

Majority interest. Accionistas que controlan el capital en una compañía subsidiaria.

Majority owned subsidiary. Subsidiario donde el 50% del capital en acciones lo poseen los familiares.

Maker. Persona que firma una nota por pagar o pagaré por la cantidad estipulada. Hacedor. La parte que promete pagar en un pagaré o nota.

Malfeasance. Acción ilícita. Acto en que el hacedor está obligado contractualmente a no comprometerse.

Manage. Administrar o dirigir.

Management. Manejo, administración, gerencia.

Management accounting. Contabilidad gerencial. Campo de la contabilidad que provee información económica y financiera para gerentes y otros usuarios internos.

Management by exception. Uso de varianzas por la gerencia para tomar acciones correctas. Revisión de informes de presupuesto por la alta gerencia para buscar las diferencias entre los resultados reales y los objetivos planeados.

Manager. Gerente, administrador, director, empresario.

Mantissa. Porción decimal común de logaritmo. Mantisa.

Manual. Manual.

Manual of accounting. Manual de contabilidad.

Manufacture. Manufacturar, fabricar, elaborar, producir.

Manufacturer. Fabricante. Manufacturero.

Manufacturing cost. Costos de elaboración o manufactura.

Manufacturing expenses. Gastos de elaboración. Gastos de manufactura.

Manufacturing firm. Empresa que produce mercancía o bienes para vender a sus clientes.

Manufacturing overhead. Gastos indirectos en la manufacturación. Costos que están indirectamente asociados con la manufactura de los productos terminados.

Manufacturing overhead budget. Estimado de costos de manufactura indirectos esperados por el año.

Margin of safety. Margen de seguridad. Exceso de ventas sobre punto de equilibrio del volumen de ventas expresado en dólares o unidades

Marginal balance. Exceso de ingreso sobre costo variable.

Marginal cost. Costo marginal. Aumento de disminución del costo total cuando ocurre una pequeña reducción en la unidad de rendimiento. Costo adicional incurrido para producir una unidad adicional de producción.

Marginal income. Ingreso marginal, exceso de ventas sobre los costos directos.

Marginal income-ratio. Por ciento de ventas en términos de dólares para cubrir costos fijos después de deducir el porcentaje requerido para los costos variables.

Marginal productivity. Productividad marginal. Incremento de valor monetario debido al aumento de una unidad en el capital de un factor de producción empleado en un programa o proceso.

Marginal tax rate. Tasa de contribución aplicable a los últimos dólares del impuesto aplicable al ingreso tributable.

Marginal utility. Utilidad marginal. Aumento en la utilidad suministrada por una unidad adicional de producción.

Mark. Marcar, señalar, rotular.

Markdown. Reducción de precio. Marcar a precio más bajo.

Markdown cancellation. Porción del precio marcado originalmente restaurado después de haberse hecho rebaja.

Market. Mercado, lugar donde concurren comprador y vendedor para realizar transacciones.

Market (effective) interest rate. Tasa de interés de un bono basado en su precio de emisión.

Market price or value. Precio o valor del mercado.

Marketable. Vendible, pedido de venta.

Marketable debt securities. Bonos del gobierno y de corporaciones que son actualmente negociados en el mercado de valores.

Marketable securities. Valores de mercado tales como acciones, bonos.

Marketing. Acto de comprar o vender en el mercado. Mercadeo.

Marketing cost. Costo prevaleciente en el mercado.

Marketing cost analysis. Hacer un análisis de los costos que prevalecen en el mercado.

Market-place. Sitio donde se celebra el mercado. Plaza de mercado.

Markon. Cantidad que se añade al costo para cubrir gastos operacionales.

Markup. Aumento que se le hace al precio de venta ya establecido. Marcar con precio más alto.

Master budget. Presupuesto maestro incluyendo todo plan financiero y operacional, proyección de ventas, costo estimado de mercancía vendida, gastos operacionales y proyección de estado financieros. Grupo de presupuestos interrelacionados que constituyen un plan de acción para un período de tiempo en específico.

Matching principle. Aparear, principio de identificar ingresos y gastos relacionados con el mismo período de contabilidad.

Matching process. Proceso de parear costos con ingresos.

Material. Material.

Material in process. Materiales en proceso. Bienes en proceso de elaboración o manufacturación.

Material requisition. Documento donde se ordena despachar cierta cantidad de materia prima de un almacén para ser procesado en la fábrica.

Material requisition slip. Documento autorizando la emisión de materia prima del almacen para la manufactura.

Materials price variance. Diferencia entre precio real y el estándar por cantidad de los materiales comprados.

Materials quantity variance. Diferencia entre cantidad de material usado y la cantidad estándar por el precio estándar.

Materiality. Concepto de que el tamaño en términos de dólar de un artículo con relación a otro debe gobernar la práctica de informar en ciertas circunstancias. Renglón importante, lo suficiente para influenciar la decisión de un prudente inversionista o acreedor.

Mature. Vencer, cumplirse el plazo.

Matured liability. Deuda vencida.

Maturity. Vencimiento de un pagaré.

Maturity date. Fecha de vencimiento de un pagaré.

Maturity value. Valor a su vencimiento.

MBO (Management by objective). Administración por objetivos.

Meaning. Significado, hacer referencia a un término, estado, concepto o símbolo.

Measure. Medida.

Median. Mediana, promedio.

Meeting. Junta, reunión, asamblea.

Merchandise account. Cuenta de inventario, mayor de cuentas para registrar las compras y las ventas, devoluciones y concesiones en ventas, gastos y acarreos.

Merchandise cost. Costo de la mercancía. Costo de factura más gastos.

Merchandise in stock. Mercancía en existencia.

Merchandise inventory. Inventario de almacén. Inventario de mercancía.

Merchandise on hand. Mercancía en inventario. Cuenta que refleja el costo de la mercancía para ser revendida.

Merchandise purchases budget. Costo estimado de mercancía que se van a comprar para lograr las ventas esperadas.

Merchandising firm. Firma manufacturera. Empresa que compra y vende mercancía con el propósito de hacer ganancias.

Merchant. Comerciante, negociante.

Merchantable. De buena calidad. Comerciable.

Merchant-like. Mercantil.

Merger. Fusión de dos o más empresas.

Method. Método, sistema.

Micro-accounting. Contabilidad para individuos, comercios, organizaciones sin fines pecuniarios, agencias del gobierno, etc.

Minority interest. Capital en acciones en poder de inversionistas que no pertenecen a la compañía matriz o subsidiaria. Accionistas que no son parte del grupo que controlan una compañía subsidiaria.

Minute book. Récord de decisiones tomadas por los accionistas en las asambleas anuales y reuniones llevadas a cabo por la Junta de Directores de la Corporación.

Misappropriation. Malversación de fondos.

Miscellaneous assets. Activos que no se pueden clasificar dentro del estado de situación.

Miscellaneous expenses. Gastos misceláneos.

Miscellaneous revenue. Ingresos misceláneos.

Missed discount. Descuento perdido. Cuando una empresa deja perder el descuento a que tiene derecho, bien sea en una factura o contrato.

Missing. Acto de omitir, ausente, que falta.

Mission. Envío, comisión.

Missive. Carta, comunicación escrita, misiva.

Mistake. Equivocación, error.

Mixed account. Cuenta mixta. Ejemplo: la cuenta de mercancía.

Mixed costs. Costos variables y fijos.

Mixed inventory. Inventario mixto que no puede clasificarse.

Mixed reserve. Cuenta cuyo balance representa una combinación de pasivo.

Modified accelerated cost recovery system (MACRS). Acta del Sistema de Reforma de Impuesto de 1986 de depreciación en el cual todos los activos fijos son clasificados en ocho clases y a la mayoría se les aplica el método de declinar el balance hasta que la depreciación por el método directo exceda a la depreciación acelerada.

Monetary assets. Activos cuyo valor es fijo en términos monetarios. Incluye efectivo, cuentas y notas por cobrar e inversiones en bonos.

Money. Dinero.

Money column. Columna de valores. Columna de anotar el efectivo.

Money order. Giro postal.

Moneyer. Banquero, cambista.

Money's worth. Valor monetario.

Monopoly. Monopolio, competencia desleal.

Mortality. Tendencia de un activo a expirar o depreciar a través de su uso y tiempo.

Mortgage. Hipoteca.

Mortgage bond. Bono hipotecario, garantizado con colateral. Asegurado con un bien real.

Mortgage payable. Hipoteca por pagar. Pasivo a largo plazo. La deuda está garantizada o asegurada por ciertos activos o propiedad en particular.

Mortgagee. Acreedor hipotecario.

Mortgagor. Deudor hipotecario.

Motivation. Deseo de llevar a cabo un objetivo. Objetivo particular. Motivación.

Motivation theory. Area de conocimiento que trata de explicar porqué los individuos se portan en la manera que lo hacen.

Moving average. Término aplicado a estados o análisis de contribución sobre ingreso promedio. Ej.: Capacidad en toneladas de cierto equipo durante días trabajados en una semana.

Multiple step. Informe contable preparado en pasos múltiples.

Multiple step income statement. Estado de ingreso que muestra varios pasos para determinar ingreso neto o pérdida neta incluyendo secciones operacionales y no operacionales.

Municipal corporation. Corporación del gobierno municipal.

Mutual. Mutuo, recíproco.

Mutual corporation. Corporación mutua. Entidad autorizada por el estado para operar como banco de ahorro y compañía de seguros.

Mutual fund. Fondos mutuos. Cuando una empresa le provee a sus clientes servicios de inversiones.

N

Nameless. Anónimo.

National income. Ingreso o renta nacional.

Natural resources. Recursos naturales, tales como minas, refinerías que se consumen físicamente y se convierten en inventario. Activos que consisten en aserraderos de madera y depósitos de aceite, gas y minerales.

Negligence. Negligencia, falta, fracaso.

Negotiable. Negociable, transferible, canjeable.

Negotiable instrument. Documento negociable. Ej.: Pagarés, cheques.

Negotiating. Contratante, negociante.

Negotiation. Negociación, negocio.

Net. Sacar el producto neto de alguna cosa. Neto.

Net assets. Exceso del valor en los libros de los activos sobre los pasivos.

Net avails. Residual neto de un pagaré ya descontado.

Net book value. Cantidad bruta de un activo sobre depreciación acumulada.

Net earning. Utilidad neta, ganancia neta.

Net earnings summary account. Cuenta temporera donde se anotan los ingresos y los gastos durante el proceso de cierre. Se conoce como cuenta de resumen de ingresos y gastos o resumen de ganancias y pérdidas.

Net income. Ingreso neto. Ingresos menos gastos.

Net loss. Pérdida neta.

Net national product. Producto nacional neto. Ingreso nacional, más impuestos indirectos pagados por el comercio, pensiones, contribuciones al fondo de pensiones por el comercio y el exceso del ingreso neto del gobierno sobre los subsidios gubernamentales.

Net operating profit. Utilidad neta de operación.

Net pay (or take home pay). Salario del empleado menos los descuentos en la nómina.

Net present value method. Método usado en el presupuesto capital en que las entradas de efectivo son descontadas del valor presente y comparadas con el desembolso de capital requerido para la inversión de capital.

Net price method. Registrar las facturas por la cantidad neta después de deducir el descuento.

Net proceeds. Venta menos costo.

Net profit. Utilidad neta, beneficio neto. Ganancia neta derivada de una fuente de ingreso después de haber efectuado todas las reducciones, i - cluyendo los impuestos.

Net profit on sale. Utilidad neta sobre ventas. Beneficio neto en ventas.

Net purchases. Compras netas. Costo de la compra más los gastos de fletes, menos las devoluciones, rebajas y concesiones.

Net realizable value. Precios de venta proyectados menos los gastos anticipados en ventas. Precio de venta de una unidad de inventario menos el costo incurrido al disponer de la unidad.

Net sales. Ventas netas. Ventas brutas m nos devoluciones y concesiones, gastos de flete y acarreo.

Net working capital. Capital de trabajo o capital operacional.

Net worth. Capital neto. Activo menos pasivo. Valor neto.

New worth turnover. Ventas netas divididas por el capital de la corporación.

Nominal account. Cuenta nominal. Balance de una cuenta que se transfiere a la cuenta de ganancias retenidas al cierre del año fiscal.

Nominal capital. Capital nominal. Cantidad de capital que representa el valor a la par o el valor estipulado de la emisión de capital en acciones de una corporación.

Nominal element. Porción de una cuenta de activo o de pasivo reflejando el costo expirado o el ingreso realizado.

Noncontrollable cost. Costos que no fluctúan con el volumen. Costos incurridos indirectamente y ubicados al centro de responsabilidad.

Noncontrollable factors in revenue planning. Fuerzas que influencian el volumen de ventas de una empresa que generalmente no puede ser dirigidas o manipuladas por la gerencia.

Noncumulative dividends. Dividendos no acumulativos. Dividendos de las acciones preferentes no acumulativas que la corporación no tiene que pagarles a sus accionistas.

Non-profit corporation. Corporación sin fines de lucro, sin fines pecuniarios.

Non-profit organization. Organización sin fines de lucro. Sin fines pecuniarios.

No-par value capital stock. Certificado de acción sin valor nominal.

No-par value stock. Acción de capital a la que no se le ha asignado valor en el Certificado.

Normal curve. Curva establecida.

$$\frac{\frac{1}{2}\frac{(X)}{0}}{\sqrt{}}$$

Normal standard cost. Costo fijo basado en el costo promedio de períodos pasados y de cambios en precio, eficiencia y volumen.

Normal standards. Estándares basados en un nivel eficiente de desempeño que son logrables dentro de las condiciones operacionales esperadas.

Normal tax. Contribución normal que una corporación tiene que pagar al Negociado de Contribuciones sobre Ingresos.

N.S.F. (not sufficient funds). No tiene fondos suficientes en el banco para cubrir el monto del cheque girado.

Notary. Notario, escríbano, abogado, licenciado en leyes.

Notary public. Notario público. Abogado.

Notation. Notación, numeración.

Note. Nota, apuntación, vale o pagaré.

Note issued. Pagaré emitido.

Note payable. Documento por pagar. Promesa de pago. Nota por pagar. Pagaré.

Note on hand. Pagaré disponible.

Note receivable. Documento o pagaré por cobrar.

Note register. Registro de pagarés. Registro de documentos por cobrar o por pagar.

Notebook. Libro de notas o memorias. Libreta.

Notes to financial statements. Información adicional que acompaña a los estados financieros de una corporación que es necesaria para poder interpretarlos.

O

Object. Objeto. Designación inicial de un gasto tal como materia prima.

Object classification. Designación original de un activo adquirido o servicio pendiente de ampliar su función.

Object cost. Costo de un bien o servicio en términos objetivos o lo que se reciba a cambio.

Objective statement. Estado de gastos en términos de objetivos originales.

Objective value. Valor establecido por un tasador competente independiente, donde se incluye cantidad, calidad, condición, utilidad y lugar.

Objectivity. Objetividad.

Obligate. Legar por contrato en sentido legal o moral.

Obligation. Obligación, pasivo, deuda.

Obligatoriness. Estado o calidad de lo que impone obligación.

Obligatory. Obligatorio.

Obligee. Obligado. A quien se obliga.

Obliger. El que obliga por contrato.

Obligor. Co-deudor.

Obliteration. Extinción, abolir, cancelar.

Obsolescense. Desuso, obsolescencia, retiro de un activo inservible.

Obtain. Obtener, existir alguna ley, calidad o condición de una cosa.

Occasional balance. Balance parcial.

Office. Oficio, empleo, operación, función, oficina.

Office equipment. Equipo de oficina. Activo fijo.

Office supplies. Efectos de oficina, suministros, materiales.

Officeholder. Empleado público.

Officer. Oficial ejecutivo, gerente, presidente de una empresa.

Offset. Balancear, compensar.

Ogive. Frecuencia. Curva acumulada en forma de S.

Oligopoly prices. Precio que prevalece en el mercado de unos pocos vendedores y muchos compradores.

Oligopsony. Precio que prevalece en el mercado cuando los compradores son pocos y los vendedores son muchos.

Ombudsman. Oficial del gobierno responsable de recibir y contestar querellas de parte de los ciudadanos acerca de los servicios que prestan las agencias del gobierno y ofrecer posibles soluciones.

On account. A crédito.

On hand. A mano, en posesión, disponible.

On and off. A intervalos, esporádicamente.

On maturity. A su vencimiento.

Open account. Abrir una cuenta, cuenta abierta.

Open note. Pagaré sin aval.

Open the books. Apertura de libros. Abrir cuentas en los libros de contabilidad.

Operating accounts. Cuentas operacionales, cuentas de ingresos y egresos.

Operating activities. Actividades del flujo de efectivo que incluyen el efecto de las transacciones que determinan del ingreso neto.

Operating budget. Presupuesto operacional, presupuesto cubriendo ingresos y gastos.

Operating costs or expenses. Costos o gastos operacionales.

Operating income or profit. Ingreso o ganancia operacional.

Operating lease. Arreglo contractual concediéndole al arrendatario uso temporero de la propiedad con continuada posesión de la propiedad por el arrendador.

Operating revenue. Ingreso o ganancia operacional.

Operating statement. Otro nombre para el estado de ingresos.

Operating transactions. Transacciones comerciales que tratan con las operaciones diarias de la empresa.

Operator. Agente, corredor de cambios y valores.

Opinion of the Accounting Principles Board. Opiniones de acuerdo a la Junta de Principios de Contabilidad.

Opinion on financial statements. Informe en que el contador público autorizado certifica que las cuentas en los libros están de conformidad. Certifica que los estados financieros están preparados de acuerdo a los principios aceptados en contabilidad.

Opportunity cost. Costo de oportunidad. Cambio en costo seguido de un cambio alterno. Beneficio potencial que puede perderse de seguir una alternativa en el curso de acción.

Optimal amounts of cash. Cantidad máxima que se debe mantener en efectivo.

Optimum output. Producción que resulta en costo menor de unidad marginal y costo promedio por unidad.

Order. Pedido, orden.

Order-filling costs. Gastos de mercadeo. Gastos de almacenaje, empaque, embalaje, embarque.

Ordering-getting costs. Gastos de mercadeo incurridos para atraer clientes.

Ordinary repairs. Reparaciones usuales y de rutina para el mantenimiento de la planta y equipo. Gastos para mantener la eficiencia operacional y la vida útil que se espera de la unidad.

Organization. Organización, empresa, desarrollo del proceso de administración.

Organization chart. Diagrama organizacional de línea y autoridad. Organigrama.

Organization cost or expense. Costos o gastos de organización. Costos en que se incurre en la formación de la corporación. (Se suman al costo del activo).

Organize. Organizar, unirse en sociedad.

Organizing. Actividades de la gerencia que envuelven convertir planes en acción.

Original capital. Capital original. Capital aportado al constituirse un negocio o sociedad.

Original cost. Costo original o inicial.

Original entry. Asiento o registro original. Hacer un asiento en el diario o jornal.

Original record. Registro original.

Out-cycle work. Trabajo desempe-ñado por un operador mientras la máquina está en descanso.

Outflows. Salidas d efectivo.

Outlay. Desembolso, pago.

Output. Rendimiento o unidad de producción. (Aplica a recursos naturales).

Output devices. Elementos de una computadora que transfieren información fuera de la computadora.

Output method. Método de calcular depreciación o agotamiento donde la utilidad del activo ocurre en proporción a alguna medida de capacidad o rendimiento del activo.

Output or unit of production. Rendimiento o unidad de producción. Se aplica a los recursos naturales.

Outstanding. Pendiente de pago. Sobresaliente. Cheques en tránsito o en circulación.

Outstanding balance. Balance o saldo pendiente.

Outstanding capital stock. Acciones de capital en circulación.

Outstanding checks. Cheques que el banco no ha descontado. Cheques en circulación. Cheques en tránsito.

Outstanding stock. Acción de capital que ha sido emitida en posesión de los accionistas.

Outstrip. Aventajar, ganar.

Over and short. Sobrantes y faltantes, diferencia en efectivo. Sobrantes y cortes de efectivo.

Overall. De extremo a extremo, de cabo a rabo.

Over the counter. Sobre el mostrador. Cuando las acciones no se negocian dentro de un centro establecido para la compra y venta de acciones. Estas acciones no están registradas en el centro de intercambio de valores.

Over the counter sale. Venta de valores sobre el mostrador.

Overapplied overhead. Situación en que gran cantidad del costo de manufactura es transferido al inventario del trabajo en proceso.

Overdraft. Sobregiro, expedición de cheques sin fondos suficientes para cubrirlos.

Overdraw. Sobregirado.

Overestimate. Sobre-estimar. Evaluar a sobre precio.

Overhaul. Rep raciones.

Overhead. Gastos indirectos de fabricación.

Overhead budget variance. Comparación del costo actual de los gastos indirectos con lo presupuestado. Incluye gastos indirectos fijos y variables.

Overhead controllable variance. Diferencia entre mano de obra incurrida y el presupuesto de mano de obra para las horas estándar permitidas.

Overhead efficiency variance. Diferencia entre el presupuesto de mano de obra por horas trabajadas y las horas estándar permitidas.

Overhead spending variance. Diferencia entre el presupuesto de mano de obra para las horas reales trabajadas y mano de obra incurrida.

Overhead volume variance. Una medida del uso de la capacidad de la planta. Varianza fija en los gastos indirectos.

Overlap. Sobreponer, recubrir.

Overshadow. Opacar.

Overpay. Pagar demasiado. Sobrepago. Repagar.

Overplus. Sobrante.

Overply. Cargar de trabajo. Sobrecarga.

Overprize. Valuar en más de lo que vale.

Overrate. Encarecer.

Overreckon. Hacer cálculos que exceden la cuenta, cálculos exagerados.

Overrule. Gobernar, dirigir.

Oversight. Equivocación, olvido, omisión, descuido.

Overspend. Gastar más de lo debido.

Overstate. Exagerar, sobrepasar, por encima de...

Owe. Deber, estar endeudado.

Owner. Dueño, poseedor.

Owner's equity or ownership. Patrimonio, capital de los propietarios. Reclamación de patrimonio en el total de activos.

Ownership. Derecho de gozar de servicios y beneficios de la empresa.

P

Paid in capital. Capital contribuido por los accionistas. Cantidad en exceso al valor par contribuido a la corporación por los accionistas.

Par. Valor nominal o real de un valor (acción o bono).

Par value. Valor a la par, valor nominal. Acción de capital que le ha sido asignado un valor por acción en el Certificado de Incorporación.

Parcel. Partir, dividir.

Parent company. Compañía principal o compañía matriz. Corporación que controla los intereses de otra compañía. Controla más del 50% de las acciones comunes de otra compañía.

Part. Parte, porción, cantidad específica o determinada, separar, desunir.

Partial payment. Pago parcial.

Partially participating. Participan de un porciento adicional de dividendos.

Participating preferred stock. Acciones preferidas participantes. Derecho a participar de un porciento adicional en dividendos.

Partner. Socio, miembro de una sociedad.

Partners' capital statement. Estado de capital de una sociedad que muestra los cambios en cada balance de capital de los socios y en el total de capital de la sociedad durante el año.

Partnership. Sociedad, convenio entre dos o más personas para llevar a cabo un negocio y distribuirse las ganancias entre sí.

Partnership agreement. Contrato expresando un acuerdo voluntario de dos o más individuos en una sociedad.

Passive income. Ingreso obtenido de actividades en el cual el contribuyente no participa en bases regulares, continuas o sustanciales.

Past due. Obligación vencida, cuenta vencida y no pagada.

Patent. Patente, privilegio exclusivo para manufacturar, usar y vender un producto en particular. Derecho exclusivo concedido por la oficina de patentes de los Estados Unidos de América que capacita al recipiente a manufacturar, vender o controlar su inventario por 17 años de la fecha de concesión.

Payable. Pagadero, por pagar.

Payable to. A favor de.

Payback period. Se va amortizando la deuda con los beneficios que se van obteniendo de la inversión.

Payday. Día de pago.

Payee. Persona a quien se paga una

letra de cambio. Persona que recibe el pago. La parte que recibe el pago.

Paying. Acto de despedir a un empleado. Pagar.

Paying teller. Empleado pagador de un banco. Cajero. Pagador.

Payment. Pago, desembolso, pagar una obligación o una deuda.

Payment date. Fecha en que se envían los cheques de dividendos a los accionistas.

Payment in full. Saldo de cuenta.

Payout ratio. Se dividen los dividendos en efectivo entre el ingreso neto.

Payroll. Nómina, registro de sueldos y salarios ganados.

Payroll records. Records relacionados con la autorización, cómputo, distribución y pago de jornales y salarios.

Payroll register. Récord del salario, deducciones y paga neta de cada empleado de cada período.

Peer. Escudriñar, profundizar.

Pegging. Acto de fijar precio por un comerciante. Acto de un comerciante u otra persona o grupo para fijar el precio durante la distribución inicial de un valor de mercado.

Pension fund. Fondo de pensión.

Pension plan. Plan de pensión. Arreglo donde el patrono provee beneficios al empleado al momento de su retiro.

Pension plan liability. Obligación a largo plazo para planes de pensión a los empleados.

Per share earning data. Información sobre las ganancias por acción del estado de ingresos de la corporación.

Percentage depletion. Porcentaje de agotamiento, gastos de agotamiento referidos a bienes no renovables.

Percentage of completion method. Reconocer los ingresos en un proyecto de construcción en base a los costos incurridos estimados del año.

Percentage of receivables basis. Se establece una relación entre las cuentas por cobrar y las pérdidas que se espera de las cuentas incobrables.

Percentage of sales basis. Se establece una relación entre las ventas a crédito y las pérdidas que se esperan de las cuentas incobrables.

Performance obligation. Obligación contraída.

Performance report. Informe comparando la condición actual de alguna fase operativa de la empresa con lo esperado de acuerdo al presupuesto.

Period. Período, ciclo.

Periodic inventory. Inventario periódico. Inventario físico.

Periodic inventory method. Método de inventario periódico. La cuenta del inventario de mercancía refleja el inventario inicial y la cuenta de compras de mercancía que acumula el costo de la mercancía en existencia para saber lo que queda.

Periodic inventory system. Sistema en el cual los récords detallados no son mantenidos y el costo de la mercancía vendida se determina a fin del período contable.

Period costs. Costos que están identificados con un período específico de tiempo y cargados a gastos según van incurriendo.

Periodical. Periódico.

Periodicity. Envuelve información de actividades de períodos dentro del ciclo contable. Periodicidad.

Periodicity assumption. Presunción de que la vida económica de un negocio puede ser dividida en períodos de tiempo artificiales.

Permanent assets. Activos fijos, activos permanentes.

Permanent file. Archivo o fichero permanente.

Permanent investment. Inversión permanente, inversión fija.

Permutation. Permutación, trueque de bienes o activos.

Perpetual budget. Presupuesto permanente.

Perpetual inventory system. Sistema de inventario perpetuo en el cual se mantiene el costo de cada renglón en inventario y se refleja el inventario a mano.

Personal account. Cuenta personal.

Personal deduction. Deducción permitida a un contribuyente al rendir la planilla de contribución sobre ingresos.

Personal department. Departamento de personal.

Personal exemption. Exención personal. Exenciones permitidas al contribuyente al radicar la planilla de contribución sobre ingresos.

Personal income. Ingreso personal.

Pervasive. Penetrante.

Petty cash book. Registro de la caja chica. Registro de la caja menuda.

Petty cash fund. Caja chica, caja menuda, fondos para pagos misceláneos.

Petty cash voucher. Comprobante de pago del fondo de caja chica.

Physical count. Conteo físico.

Physical inventory. Inventario físico.

Plan. Plan.

Planning. Planear, establecer y llevar a cabo los objetivos de la empresa.

Plant. Terreno, edificio, activos fijos.

Plant and Equipment Subsidiary Ledger. Libro mayor subsidiario para anotar todas las cuentas relacionadas con planta y equipo.

Plant and equipment turnover. Estado financiero que muestra la relación de las ventas netas producidas durante un período o inversiones netas en planta y equipo.

Pledge. Empeñar, dar o dejar alguna cosa en prenda, dar fianza. Comprometer.

Pledged asset. Activo que responde por una obligación.

Pledgee. Depositario.

Pledgeless. Desprovisto de fianza o garantía.

Ply. Disponer o ejecutar.

Policy. Política, reglamento, norma, póliza.

Pooling interest. Combinación de activos y pasivos de entidades separadas al valor existente.

Pooling of interest method. Método contable para una combinación comercial en el cual los activos de la compañía adquirida son registrados al valor en los libros y no se reconoce plusvalía.

Portfolio. Portafolio, cartera, carpeta, cartera de inversiones.

Portfolio income. Ingreso en forma de interés y dividendos de valores de mercado.

Post. Trasladar los asientos o entradas de un libro al libro mayor.

Postclosing balance sheet. Balance posterior al cierre de las cuentas del libro mayor.

Postclosing trial balance. Balance de comprobación posterior al cierre de las cuentas en el libro mayor.

Postdate. Posdatado, con fecha posterior, diferido.

Post-existence. Existencia venidera.

Postpaid. Porte pagado.

Power. Potencia motriz. Poder.

Power of attorney. Poder notarial. Una procuración.

PPB (Planning, programming, budgeting). Planear, programar, presupuestar.

Practice set. Libro en que los estudiantes practican los ejercicios de contabilidad. Juego de libros.

Predetermined overhead rate. Porciento basado en la relación entre los costos de manufactura estimados anualmente y la cantidad esperada expresadas en términos de una base de actividad común.

Pre empt. Obtener derecho de preferencia en la compra de terrenos públicos.

Pre emptive right. Derecho de compra en una nueva emisión de acciones en igualdad al porciento.

Preferred capital stock. Capital preferente. Capital en acciones preferidas.

Preferred stock. Capital en acciones que tienen preferencia contractual sobre las acciones comunes.

Preferred stock dividend. Dividendo perteneciente a los accionistas preferentes.

Premium. Prima sobre el valor nominal.

Prepaid expenses. Gastos prepagados. Gastos pagados en efectivo y registrados en una cuenta de activos antes de ser usados o consumidos.

Prepaid insurance. Seguro prepagado.

Prepaid interest. Interés prepagado.

Prepay. Pago por adelantado. Anticipo.

Present value. Valor presente, valor actual.

Present value method. Método de comparar el valor presente del efectivo que entra y sale de un proyecto. Si las entradas exceden a las salidas del proyecto es aceptable.

Present value table. Tabla que muestra el valor presente de un dólar a varios porcentajes de rendimiento por varios períodos de tiempo.

Previous. Previo.

Price. Precio, valor, estimar.

Price contract. Precio de contratación.

Price determination. Determinar o calcular precios.

Price discrimination. Variación de precios dentro de condiciones similares de venta. Discriminación de precios.

Price earnings ratio. Valor de mercado de una acción común dividido por las ganancias de las acciones.

Price index. Medida que indica el nivel de precios general.

Price level. Nivel de precios.

Price list. Precio de lista.

P.R.I.C.P.A. (Puerto Rico Institute of Certified Public Accountants). Instituto de Contadores Públicos Autorizados de Puerto Rico.

Pricing the inventory. Asignar precio al inventario al tomar el inventario físico.

Primary earnings per share. La cantidad de ganancias por acción basada en el promedio ponderado de las acciones comunes en circulación más los equivalentes de la acción común.

Prime cost. Costo de materiales y mano de obra direc a que entran dentro de la elaboración de un producto y costo directo. Materiales directos y mano de obra directa.

Prime rate. Por ciento o tasa de interés que cobran los bancos comerciales a los clientes en los préstamos.

Principal. Capital principal, jefe, causante, comitente. Cantidad de dinero que se pone a censo, crédito o ganancias y perdidas.

Principle. Principio, fundamento, carácter esencial.

Print. Imprimir.

Prior period adjustments. Correcciones de ingresos que se hacen en un período de tiempo en particular. Ajuste anticipado al tiempo de cierre de libros. Corrección de un error en los estados financieros previamente emitidos.

Private accountant. Contador privado.

Private corporation. Corporación privada. Corporación de familia.

Privately held corporation. Corporación de pocos accionistas y cuyas acciones no están disponibles para vender al público.

Probability. Probabilidad.

Proceeds. Resultados materiales de una acción o proceder. Productos, créditos, residuos remanentes.

Process. Procedimiento, proces .

Process cost accounting. Se refiere al sistema de inventario perpetuo donde los costos se acumulan y se registran de acuerdo al departamento. Sistema de contabilidad usado por compañías que manufacturan productos a través de una serie de procesos continuos y operacionales.

Process cost system. Sistema de contabilidad de costo usado por las industrias que tienen una continua producción en masa, como las petroquímicas.

Producer. Productor, elaborador. manufacturero.

Producer's capital or goods. Bienes de capital.

Producer's risk. A riesgo del productor.

Producible. Lo que se puede producir.

Product. Productor, servicio, utilidad, renta.

Product costs. Costos necesarios y que son parte integrante de la producción de productos terminados.

Product line. Línea de producto.

Production. Producción, disponer de bienes y servicios para satisfacer la demanda.

Production budget. Proyección de requisitos de producción para lograr las ventas anticipadas.

Production method. Método de calcular el rendimiento de la producción.

Productive. Productivo.

Productivity. Productividad, proceso de producción.

Profess. Declarar, manifestar.

Professional accountant. Contador profesional.

Proffer. Oferta, propuesta.

Proficient. Eficiente, aventajado.

Profit. Ganancia, beneficio, utilidad, producto.

Profit and loss. Ganancia y pérdida.

Profit and loss statement. Estado de resultados. Estado de ganancias y pérdidas.

Profit center. División o unidad organizacional que tiene que ver con el control de los ingresos y los costos. Centro que incurre en costos y también genera ingresos.

Profit margin ratio. Medición del ingreso neto generado por cada dólar de venta computado y dividiendo el ingreso neto por las ventas netas.

Profit maximization. Maximizar las ganancias.

Profitability. Lucratividad, productividad.

Profitability ratio. Medida del ingreso u operaciones exitosas de una empresa por un período dado de tiempo.

Profitable. Productivo, lucrativo.

Program. Programa. Instrucciones que se le dan al computador electrónico.

Progressive tax. El impuesto se mantiene constante o la tasa del impuesto disminuye inversamente con un aumento en el impuesto base.

Project costs. Costos fijos determinados por la administración.

Project planning. Planeo o proyección a largo plazo.

Promissory note. Pagaré, vale, promesa de pago. Promesa escrita de pagar una cantidad específica de dinero a la demanda o fecha determinada.

Promotion. Promoción.

Prompt. Rápido, prontitud.

Property. Propiedad, bienes, activos.

Property dividends. Distribución de dividendos en propiedades que no sean efectivo.

Property tax. Impuesto sobre la propiedad.

Proportion. Proporción relación.

Proportional tax. Impuesto aplicado a una tasa constante de acuerdo a la cantidad de impuesto base.

Proprietary. Propietario, dueño.

Proprietorship. Patrimonio, capital, dueño.

Prorata. Prorrateo, distribución.

Prorate. Prorratear, distribuir.

Proxy. Procuración, comisión, poder, delegado en asamblea de accionistas.

Public. Público, pertenece al gobierno.

Public accountant. Contador público.

Public accounting. Contaduría pública. Servicios contables al público ofrecidos por un contador público.

Public corporation. Corporación o empresa que ofrece sus servicios y productos al público.

Publicly held corporation. Corporación que tiene miles de accionistas y cuyas acciones se negocian a través de los mercados de valores nacionales.

Puerto Rico College of Public Accountants. Colegio de Contadores Públicos de Puerto Rico. Agrupa a todos los contadores públicos autorizados (CPA).

Puncher card. Perforador de tarjetas de computador electrónico.

Puncher paper tape. Cinta del perforador de tarjetas que representa información numérica y alfabética del computador electrónico.

Purchase. Compra, adquisición.

Purchase discount. Descuento sobre compra.

Purchase invoice. Factura de compra.

Purchase journal. Diario de compras. Registro o jornal de compras.

Purchase method. Registrar los activos al valor corriente en el mercado indicado por el precio pagado en su adquisición. Los activos de la compañía adquirida son registrados por ésta al valor real del mercado y el exceso del costo sobre el valor real del mercado menos los pasivos asumidos se reconoce como plusvalía.

Purchase of merchandise. Compra de mercancía.

Purchase order. Orden de compra.

Purchase register. Registro de compras.

Purchase return and allowances. Devoluciones y concesiones sobre compras.

Purchasing power. Poder adquisitivo de compra. Cantidad de bienes y servicios que pueden ser adquiridos por un dólar.

Pure profit. Ganancia pura, ingreso neto en exceso de devoluciones incluyendo intereses impuestos en los factores de la producción.

Q

Qualified report. Informe del auditor con una o más salvedades o excepciones.

Qualified stock option. Privilegio que una corporación concede a un empleado para comprar acciones a precios limitados de su capital emitido.

Quality control. Política o procedimiento para mantener el control deseado en las operaciones o en la producción.

Quality control standards. Reglas de control de calidad.

Quality of assets. Concepto en que hay compañías que tienen mejores activos que otras.

Quality of earnings. Cuando las ganancias son de alta calidad se dice que son estables.

Quantification. Estado expresado en cantidades o términos numéricos.

Quantity. Cantidad, suma.

Quasi-contract. Obligación impuesta por ley con el propósito de prevenir injusticias.

Quasi-public company. Compañía cuasi-pública. Rinde servicios a cambio de tarifas mínimas.

Quasi-rent. Porción de ganancia bruta atribuida a eficiencia en operaciones o factor del bajo costo no disponible al competidor.

Quick asset. Activo corriente convertible en dinero en corto tiempo.

Quick ratio. Otro término para acid test ratio.

Quota. Cuota, prorrata, tarifa.

Quotation. Cotización, indicación de precio.

Quote. Cotizar, calcular y pagar por unidad.

Quoted price. A precio de cotización.

R

Raising capital. Aumentar el capital mediante la adquisición de activos adicionales.

Random. Fortuito, al azar.

Random numbers. Juego o grupo de números formados al azar.

Randy. Desordenado.

Range. Colocar, ordenar, poner en hileras. Lapso de tiempo que separa las reapariciones periódicas; duración, clase. Alcance, fila.

Rank. Ordenar en fila, colocar, disponer.

Ransack. Saquear, pillar, robar.

Rate. Tarifa, tasa, porcentaje, precio de unidad de servicio sobre unidad de tiempo.

Rate of change. Tipo de cambio en por ciento.

Rate of return on capital invested. Porcentaje de rendimiento en el capital invertido. Se calcula multiplicando el movimiento del capital por el rendimiento en ventas.

Rate of return on investment. Porcentaje de rendimiento en las inversiones.

Rate of return on total assets employed. Porcentaje de rendimiento en lo invertido en el total de activos. Se calcula multiplicando el movi-miento de activos por el rendimiento en ventas.

Rate of return pricing. Método para determinar los precios añadiendo un margen de utilidad.

Rate of turnover. Tasa o porcentaje de rotación.

Rating. Determinación de la tasa, precio o grado.

Ratio. Rotación entre partidas. Comparación de los activos circulantes y los pasivos circulantes. Proporción. Relación expresada en porcentaje, tasa o proporción simple.

Rational number. Número racional.

Raw material. Materia prima. Material para usarse como ingrediente o componente en el proceso de la elaboración de productos.

Raw material cost. Costo de materiales usados directamente en manufacturar un producto. Es un costo variable.

Raw material inventory. Inventario de la materia prima.

Raw material price variance. Diferencia entre los costos fijos de los materiales comprados y el costo actual.

Raw material usage variance. Diferencia entre las cantidades actuales de materiales usados en la producción y las cantidades fijas admitidas expresada en términos de costos fijos.

Ready. Listo.

Real account. Cuenta real, balance, cuenta actual. Verdadera cuenta.

Real assets. Activos actuales, verdaderos activos.

Real cost. Costo real expresado en unidades físicas de medición.

Real estate. Bienes raíces. Correr bienes raíces, incluso el terreno.

Real wages. Salarios reales, poder adquisitivo del dinero asalariado. Verdaderos jornales.

Realization. Proceso de convertir los activos en dinero. Reconocer la ganancia al momento de hacer la venta.

Realization principle. Reconocer la ganancia solamente cuando ésta ha sido ganada.

Realize. Reconocer, realizar.

Really. En realidad.

Realtor. Corredor de bienes raíces.

Reason. Razón.

Rebate. Rebajar, deducción, disminución, concesión.

Receipt. Cobranza, recibimiento, recibo, documento en que se declara haber recibido dinero u otro bien.

Receiptor. Portador de un recibo.

Receivable. Cuentas por cobrar, recibir, admitir, adquirir.

Receivable turnover ratio. Rendimiento en las cuentas por cobrar. Relación entre el promedio de cuentas por cobrar actual y las ventas netas a crédito durante el período contable.

Receivedness Aceptación, aprobación.

Receiver. Receptor, persona encargada de recibir dinero o bienes, cajero.

Receiving report. Informe de recibo de la mercancía.

Recent. Reciente. En circulación.

Reciprocal. Recíproco, mutuo.

Reciprocal account. Cuenta recíproca. La oficina principal mantiene el control de débitos y créditos.

Reclassify. Reclasificar. Desglose de una o un grupo de transacciones en clasificaciones secundarias acompañadas por transferencias a cuentas secundarias.

Recognition. Reconocimiento, examen.

Recognizable. Que puede ser reconocido.

Recognizance. Obligación, reconocimiento.

Recognize. Reconocer, determinar la cantidad, tiempo, clasificación y demás condiciones precedentes a la entrada de una transacción.

Reconciliation. Conciliación, ajuste. Determinación de las partidas para que los saldos de las cuentas o estados concuerden.

Reconciliation statement. Estado de conciliación.

Record. Registro, informe, documento.

Record date. Fecha de registro de una transacción. Fecha en que se reconocen los accionistas a quienes se les va a declarar dividendos.

Record-keeper. Persona que registra en los libros de contabilidad las transacciones de una empresa.

Recoup. Recuperar un pago a través de una venta, uso o cargo a ganancias y pérdidas.

Recover. Recuperar, recobrar, reparar.

Recoverable. Recuperable, cobrable.

Recovery. Absorción de costo como resultado de venta, uso o depreciación u otro proceso de ubicación; recuperación.

Recovery cost. Costo residual con la esperanza de recuperarse en efectivo o en su equivalencia.

Recovery of account receivable. Recuperar una cuenta por cobrar.

Recovery value. Ingreso estimado de una reventa o residual de un activo fijo.

Redemption. Rescate, liberación de una propiedad gravada con hipoteca. Pago de una deuda u obligación; retiro de bonos o acciones. redención.

Redemption premium. Prima pagada por redimir un valor.

Red-herring prospectus. Un anuncio y descripción de una emisión anticipada de valores de mercado con restricción de 20 días por la U.S. Security and Exchange Commission y fecha de efectividad del estado.

Red-ink entry. Asiento o partida en tinta roja indicando una disminución en la cuenta.

Rediscount. Redescuento, negociar un documento en el banco después del primer descuento.

Reference. Referencia, remisión, nota, señal.

Reform. Reforma, cambio favorable y progresivo especialmente en la administración.

Refund. Reembolso para consolidar una deuda.

Refundable. Que puede pagarse otra vez. Reembolsable.

Refunding bond. Emisión de bonos cuyo propósito es el retiro de bonos en circulación. Bono emitido en nombre del que lo posee.

Register. Registro, libro para anotar las transacciones de una empresa.

Registered bond. Bono registrado. El principal más el interés pagadero únicamente a la persona registrada en el libro o registro.

Registered warrant. Garantía registrada.

Registrar. Registro, agente o empleado a cargo del registro. Registrador.

Registration. Registro de valores. Asiento.

Registry. Asiento, archivo, registro.

Regressive tax. Contribución que varía de acuerdo al tamaño o valor de la propiedad o cantidad de ingreso tasado.

Reimburse. Reembolsar, reintegrar.

Reinsurance. Contrato entre dos aseguradores donde se asume todo o parte de los riesgos de pérdida en la póliza expedida por el otro.

Reintegrate. Reintegrar, restablecer su estado.

Related cost. Costo incurrido en asegurar una venta o ingreso, costo variable o semivariable.

Release. Relevar de una responsabilidad.

Relevance. Información capaz de hacer una relevancia en una decisión.

Relevant cost. Costos que se toman en consideración para hacer decisiones.

Relevant range. Nivel o alcance donde la compañía espera operar durante el año.

Reliability. Formalidad, real, seguridad, confianza. Información que da seguridad de que está libre de errores.

Remit. Remitir, enviar, mandar, ordenar.

Remittance slip. Hoja de remesa, hoja de pago.

Renewal. Renovación.

Renewal (or Replacement funds). Renovar o reemplazar los fondos.

Rent. Renta, compensación por el uso de un bien raíz.

Rent roll. Dueño o agente que registra las rentas.

Reorganization. Reorganización. Cambio en las estructuras financieras o administrativas de una empresa.

Repair. Restauración de un activo capital a su capacidad máxima productiva.

Repayment. Pago, devolución de lo comprado o gastado.

Repayment with penalty. Multa, penalidad en efectivo.

Replacement. Reemplazo, substitución de un activo fijo; renovación.

Replacement cost. Costo de recompra, reconstrucción o reemplazo de un activo.

Replacement unit. Reemplazo de una unidad. Activo que toma el lugar de una unidad retirada.

Report. Informe, relación.

Report form. Estado en forma de informe o de reporte.

Reporting. Someter un informe.

Representation. Representación. Documento. Escrito sobre auditoría.

Reproduction cost. Costo estimado a reproducirse en clase; término usado en la tasación de activos fijos.

Requisition. Pedido, requisición, formulario de pedido de materiales, servicios o artículos.

Research and development costs. Desembolsos relacionados con patentes, derechos reservados, nuevos procesos o productos.

Research and development expenditures. Gastos de investigación con el propósito de desarrollar o introducir un producto nuevo en el mercado.

Reserve (Allowance for bad debts). Reserva para cuentas dudosas o incobrables.

Reserve account. Cuenta de reserva.

Reserve for accidents. Reserva para casos de accidentes.

Reserve for amortization. Reserva para amortización.

Reserve for contingencies. Reserva para contingencias o eventualidades.

Reserve for depletion. Reserva para agotamiento.

Reserve for depreciation. Reserva para depreciación.

Reserve for discounts. Reserva para descuentos.

Reserve for renewals and replacements. Reserva para renovaciones y reemplazos.

Reserve for retirement of preferred stock. Reserva para retiro de acciones preferentes.

Reserve fund. Fondo de reserva.

Residual value. Valor de desecho, valor residual.

Resign. Dimitir, renunciar, firmar otra vez.

Resolution. Resolución, propuesta, determinación.

Resource. Recursos, medios pecuniarios. Se aplica a activos de bancos o instituciones financieras.

Responsibility accounting. Parte de la contabilidad gerencial que envuelve la acumulación y reporte de ingresos y costos en base individual del gerente quien tiene la autoridad para tomar decisiones acerca de las partidas.

Responsibility costing. Costos son identificados con personas asignadas a su control más que con productos o funciones.

Responsibility reporting system. Preparación de reportes por cada nivel de responsabilidad que muestra la situación de la compañía.

Restricted cash. Efectivo restringido o comprometido para propósitos específicos.

Retail. Venta al menudeo. Venta al detalle. Revender.

Retail inventory method. Método usado para estimar el costo del inventario final aplicando el costo a un por ciento de las ventas al detal al inventario final al detal.

Retail merchandise. Mercancía de menudeo. Vender mercancía al detalle, revender mercancía.

Retail method. Método de valorar el inventario al precio de menudeo o al detal.

Retailed earnings or income. Utilidades retenidas o no distribuidas. Ganancias retenidas.

Retained earnings. Ingreso neto retenido en una corporación.

Retained earnings restrictions. Circunstancia que hace que una porción de las ganancias retenidas no estén disponibles para pagar dividendos.

Retirement. Retiro, retirar activos fijos de servicio o valores del mercado.

Retirement account. Cuenta de registro de retiros.

Retirement plan. Plan de retiro.

Retreat. Receso.

Return. Devolución, hacer restitución.

Return on assets ratio. Medida de lucratividad computada dividiendo el ingreso neto por el promedio de los activos.

Return on average investment method. Método para calcular el promedio de rendimiento en la inversión. Se divide el promedio anual de ganancias por el promedio de inversión. No se toma en consideración la liquidez o flujo del efectivo.

Return on common stockholdersm's equity. Medir los dólares del ingreso neto ganado por cada dólar invertido por los dueños dividiendo el ingreso neto por el promedio de las acciones comunes.

Return on investment. Se divide el margen de control por el promedio de los activos operacionales.

Returns and allowances. Devoluciones y concesiones.

Return purchases. Devoluciones en compras.

Return sales. Devoluciones en ventas.

Revenue expenditures. Gastos incurridos en mejorar un activo haciendo que aumente su valor.

Revenue recognition principle. El ingreso debe ser reconocido en el período contable en el cual es ganado.

Revenues. Estado, rédito, entrada, beneficio, ingresos.

Reversing entry. Contrapartida, reversión de entrada o asiento.

Review. Revisar, examinar operaciones, procedimientos, condiciones, eventos o series de transacciones.

Revolving funds. Fondos rotativos, activos circulantes.

Right. Derecho, reclamación que tiene justificación natural, moral y legal.

Risk. Riesgo, contingencia, peligro.

Rollover. Renovación de una obligación a corto plazo a opción del prestamista.

Round-off. Redondear una cantidad.

Round sum. Suma redondeada.

Routinary. Rutinario.

Routine. Rutina, hábito, operaciones diarias.

Royalty. Regalía, compensación por el uso de propiedad según porción convenida de ingreso.

Rule. Regla, norma, política, reglamento.

Rule off. Líneas que se acostumbra trazar debajo de los saldos o balances.

Ruling and balancing. Rayando y balanceando las cuentas en el libro mayor general.

Running form. Circulación de informes.

S

Salaries. Cantidad específica por mes o por año que se le paga al personal gerencial, administrativo y de ventas.

Salary. Salario, compensación por servicios rendidos.

Salary-roll. Nómina.

Sale. Venta, acción y efecto de vender, demanda por parte de los compradores.

Sale allowance. Bonificación o descuento en ventas.

Sale by auction. Subasta, almoneda.

Sale discount. Descuento en venta.

Sales budget. Estimado de ventas esperado durante el año.

Sales forecasting. Desarrollo de ventas potenciales por la industria y distribución esperada de dichas ventas.

Sales invoice. Factura de venta.

Sales journal. Jornal, libro o diario para registro de ventas. Jornal de ventas.

Sales load. Comisión, cargos, gastos en ventas.

Sales on consignment. Ventas a consignación.

Sales on credit. Ventas a crédito.

Sales on installment. Ventas a plazos o en abonos.

Sales record. Registro de ventas al contado o a crédito.

Sales return. Devolución en ventas.

Sales return and allowances. Concesión por devolución en ventas. Reserva para devoluciones en ventas.

Sales return and allowances journal. Jornal o registro para anotar las devoluciones en ventas.

Sales revenue. Ingreso en ventas.

Sales tax. Impuesto sobre ventas.

Sales term. Condiciones de venta.

Sales value. Precio o valor de venta.

Salesman. Vendedor.

Salework, Géneros de calidad inferior.

Salvage. Sobrantes, recuperación, residual.

Salvage value. Valor residual aplicable a planta y equipo.

Sample. Muestra, prueba.

Sampling. Muestreo en auditoría.

Save. Ahorrar, reservar, economizar.

Save deposit box. Caja de seguridad.

Saver. El que guarda, ahorra o economiza.

Savings. Ahorros, economías.

Savings accounts. Cuentas de ahorro.

Savings & Loan Association. Asociación de Ahorros y Préstamos.

Savings bank. Banco de ahorros.

Savings clause. Cláusula que contiene una salvedad o reserva.

Scan. Revisión rápida y general de las cuentas.

Scanning. Escudriñar, buscar profundamente.

Scarce. Escaso.

Scarceness. Carestía, penuria, escasez.

Scarcity. Escasez, insuficiencia.

Scatter diagram method. Se fija una línea para determinar la relación promedio entre el total de costos y los niveles de actividad.

Schedule. Incluir en una lista, catálogo o inventario, cédula, relación, itinerario.

Schedule of accounts payable. Relación o listado de las cuentas por pagar.

Schedule of accounts receivable. Relación o listado de las cuentas por cobrar que aparecen registradas en el libro mayor subsidiario de las cuentas por cobrar.

Schedule of manufacturing overhead. Relación o listado de los gastos indirectos de manufactura.

Schedule of cash payment. Relación mostrando la distribución de efectivo a los socios en la liquidación de una sociedad.

Schedule of working capital. Relación de los activos corrientes y los pasivos corrientes de una empresa al inicio y fin de período.

Scope. Alcance.

Scope of accounting reports. Enfoque de los informes contables.

Scoup. Gigante, extensión.

Scrap value. Valor residual o de desecho.

Screening. Desglosar, sortear.

Scrip. Cédula, certificación de un banco, compañía, atestando que el accionista tiene interés en una u otra institución.

Script of dividend. Dividiendo pagado con pagaré.

Scrivener. Escribano, notario público.

Scrutinize. Escudriñar, revisar a fondo, rebuscar, auditar.

Seal. Sello.

Seasonal variation. Cambios estacionales.

Seasoning. Períodos, estaciones, aclimatación.

Second mortgage. Segunda hipoteca.

Secular. Temporal, ocasional.

Secular trend. Fluctuación secular garantizada.

Secure. Seguro, garantía.

Secured account. Cuenta asegurada con garantía colateral.

Secured bond. Bono garantizado con activos o propiedades por la corporación que le emite.

Secured creditor. Acreedor asegurado.

Secured liability. Pasivo, garantizado.

Security. Fianza, vales, valores, garantías de pago.

Security and Exchange Commission. Comisión Federal Gubernamental creada en el 1934 para proteger a los inversionistas de las corporaciones. Requiere que los informes se preparen de acuerdo a los principios generalmente aceptados de contabilidad.

Security income and expense. Ingresos y gastos de valores.

Segment. Segmento, división de una organización. Otro nombre para un centro de responsabilidad.

Self insurance. Seguro propio, autoseguro.

Sell. Vender.

Seller. Vendedor.

Sellers' market. Mercado de vendedores.

Selling and administrative expenses. Gastos de venta y administrativos.

Selling and administrative expense budget. Proyección de gastos anticipados administrativos y de ventas.

Selling expenses (costs). Gastos o costos de venta.

Semivariable costs. Costos tales como gastos de mantenimiento, determinados parcialmente por el tiempo (costos periódicos o costos fijos) y por la actividad de los costos variables.

Senior accountant. Contador jefe.

Sensitivity of costs. Rapidez con que cambian los costos de acuerdo a las condiciones cambiantes.

Serial bonds. Bonos en serie. Bonos redimibles a plazos. Bonos que vencen en distintas fechas.

Serve. Servir, estar en servicio activo.

Service. Servicio.

Service capacity. Capacidad productiva.

Service center. Centro de servicios.

Service firm. Empresa que rinde servicios.

Service potential. Costo menos depreciación acumulada.

Service unit. Unidad de servicio.

Set. Juego, serie, grupo.

Set of accounts. Cuadro de cuentas.

Settlement. Saldo de una obligación.

Share. Acción.

Share capital. Capital en acciones.

Shareholder. Accionista.

Shareholders' meeting. Junta de accionistas. Asamblea de accionistas.

Shipment. Embarque.

Shipping expenses. Gastos de embarque.

Shop. Tienda.

Short account. Cuenta pequeña.

Shortage. Faltante, diferencia.

Short-cut method of computing working capital provided by regular operations. Método corto de computar el capital operacional provisto por las operaciones regulares de la empresa.

Short form audit report. Informe de auditoría en forma corta.

Short form report. Informe corto o breve.

Short rate. Porcentaje basado en un año o menos de un año.

Short term. Corto plazo, período corto.

Short term capital gain or loss. Ganancia o pérdida del activo capital que se retuvo por seis meses o menos de seis meses.

Short term liability or debt. Pasivo a corto plazo.

Short term sale. Venta a corto plazo.

Sight draft. Giro a la vista, giro a presentación, a la demanda.

Sight test. Examinar cuentas sin un análisis formal.

Sign. Firma o rúbrica de una persona, señalar. Firmar.

Signature, Suscripción, suficiente magnitud, firma.

Significant. Significante, suficiente magnitud.

Simple interest. Interés simple.

Simulation. Método de estudios de problemas operacionales que no se pueden resolver por medio de técnicas ordinarias.

Single and double entry. Partida sencilla y doble.

Single entry bookeeping. Teneduría de libros por partida simple.

Single proprietorship. Negocio de un solo dueño.

Single-step income statement. Estado de ingresos sencillo. Informe contable preparado en forma simple.

Sinking fund. Fondo para amortización de bonos a su vencimiento. Efectivo u otros activos segregados para realizar o pagar una deuda a largo plazo.

Sinking-fund reserve. Reserva para fondo de amortización.

Site audit. Auditoría local, auditoría interna.

Situation. Situación.

Slip deposit. Hoja para depositar dinero en el banco.

Social accounting. Aplicación de la teneduría de libros por partida doble a análisis socioeconómico.

Software. Todos los materiales utilizados en seleccionar, instalar y operar el sistema del proceso de datos electrónicos.

Sole proprietor. Unico propietario.

Sole propietorship. Negocio individual.

Solvency. Solvencia. Suficiente dinero para pagar deudas.

Solvency ratios. Medidas de la habilidad de la empresa para sobrevivir en un período de largo tiempo.

Sorter. Máquina usada para sortear tarjetas perforadas en orden alfabético.

Source document. Documento para proveer información acerca del negocio.

Sources of assets. Adquisición de recursos de una corporación, tales como accionistas, acreedores, proceso de hacer ganancias.

Span of control. Extender jurisdicción de un supervisor.

Special agent. Agente especial.

Special assessment. Avalúo especial, tasación especial.

Special identification method. Método para determinar el costo del inventario donde cada renglón está identificado y el costo actual de cada partida se reporta en el inventario final. El costo de una unidad vendida en específico es reconocido como el costo de los bienes vendidos.

Special journal or ledger. Jornal o libro para registrar transacciones especiales.

Special purpose reports. Informes para propósitos especiales y tomar decisiones.

Specifically identified. Método de identificar el inventario.

Speculator. Especulador, oportunista, el que compra y vende con fines de obtener ganancias exorbitantes.

Split. Partición, división de acciones.

Splitup. Emisión de acciones adicionales devaluadas para distribuirlas entre los accionistas existentes.

Spot cash. Dinero o efectivo disponible.

Spot price. Precio disponible de venta y entrega inmediata.

Spot sale. Venta para entrega inmediata.

Spread. Expandir, ampliar, desarrollar.

Spread sheet. Hoja de trabajo que provee dos formas de analizar costos.

Stability. Estabilidad, permanencia, continuidad.

Staff auditor. Auditor de junta. Representante de la contabilidad pública.

Staff authority. Autoridad de mando. Autoridad administrativa.

Standard cost. Costo regular o fijo. Medida de desempeño predeterminado.

Standard cost accounting. Diferencia entre los costos actuales y los costos fijos.

Standard deduction. Deducción fija. Cantidad que el contribuyente puede reclamar sin documentos que lo respalden.

Standard deviation. Desviación fija, medida de dispersión.

Standard hours allowed. Horas que deben trabajarse para las unidades producidas.

Standard predetermined overhead rate. Tasa de gastos indirectos de manufacturación basado en un índice de actividad estándar esperada.

Standby. Persona de confianza.

Standby cost. Costo fijo.

Standing order. Orden autorizando un trabajo que debe desempeñarse regularmente en la operación de una fábrica.

Staple. Género, producción principal de un país. Materia prima.

State liabilities. Pasivos, según los libros de contabilidad y estados financieros.

State unemployment compensation tax. Contribución por compensación por desempleo pagada solamente por el patrono.

State unemployment taxes. Contribución impuesta al patrono que provee beneficios a los empleados al perder sus empleos.

Stated capital. Capital declarado por los accionistas. Capital aportado a la corporación.

Stated. Establecido, fijado.

Stated (contractual) interest rate. Tasa o porcentaje de interés indicado en los bonos.

State value. Valor declarado o fijado.

Statement. Estado, informe.

Statement account. Estado de cuenta.

Statement analysis. Análisis de los informes de estados financieros.

Statement assets and liabilities. Estado de activos y pasivos.

Statement heading. Título de un estado financiero.

Statement of affairs. Estado que muestra los activos, pasivos y capital de una empresa.

Statement of cash flows. Estado financiero que provee información acerca de los recibos o pagos de efectivo durante un período clasi-

ficado como actividades operacionales, financiamiento o inversión.

Statement of changes in financial position. Estado de cambios en la posición financiera de una empresa.

Statement of earnings. Documento que indica salario, deducciones y pago netos de los empleados.

Statement of loss and gain. Estado o informe de pérdidas y ganancias.

Statement of owner's capital. Estado de capital de un negocio individual.

Statement of partner's capital. Estado de capital de una sociedad.

Statement of realization and liquidation. Estado o informe de realización y liquidación.

Statement of receipts and disbursements. Estado o informe de ingresos y desembolsos en efectivo.

Statement of resources and their application. Estado o informe de recursos y su aplicación.

Statement of revenues and expenses. Estado e ingresos y gastos.

Statement of sources and applications of funds. Estado de origen y aplicación de fondos. Equivalente a capital de trabajo.

Statement of stockholder's equity. Estado del capital de la corporación.

Statement of the Financial Accounting Standards Board. Estados financieros preparados de acuerdo a la Junta de Reglamentos de Contabilidad Financiera.

States of nature. Factor no controlable que surte efecto en los logros gerenciales.

Static budget. Proyección de información de presupuesto a un nivel de actividad.

Statistical control. Control estadístico.

Statistical distribution. Distribución de fondos haciendo uso de las estadísticas.

Statistical series. Información arreglada de acuerdo a magnitud, tiempo, posición, etc.

Statistics. Estadísticas.

Stepped cost. Costo que avanza por pasos con el aumento en el volumen de actividades.

Stochastic. Opera en bases de probabilidades.

Stock. Acción. Capital legal de una corporación emitido en acciones.

Stock certificate. Certificado de acción.

Stock company. Corporación cuyo capital está dividido en acciones.

Stock discount. Descuento en acción.

Stock dividend. Dividendo en forma de acciones. Distribución de dividendos a los accionistas de la corporación.

Stock in trade. Mercancía disponible para la venta.

Stock on hand. Mercancía en existencia o inventario actual.

Stock option. Derecho de opción de acciones.

Stock purchase warrant. Garantía en la compra de acciones.

Stock register. Libro de registro de acciones.

Stock right. Derecho, opción a acción.

Stock split. Partición de acciones. Se reduce el precio o valor por acción y se aumenta el número de acciones.

Stock transfer book. Libro de registro de transferencias de acciones.

Stockholder. Accionista.

Stockholder meeting. Junta de accionistas. Asamblea de accionistas.

Stockholder of record. Accionista registrado.

Stockholder's equity. Capital contable, capital corporativo.

Stockholder's equity statement. Estado que muestra los cambios en cada cuenta de capital de los accionistas y en el total del capital de la corporación durante el año.

Stop order. Orden de descontinuación.

Stop payment. Orden de cancelación de pago.

Storage unit. Unidad de almacenaje del computador.

Store. Tienda, negocio, almacén, surtir, proveer, abastecer.

Store's Ledger. Libro subsidiario que mantiene las cuentas de materia prima y suministros.

Storehouse. Almacén.

Storekeeper. Jefe de depósito, comerciante, jefe de almacén.

Straight line equation. Ecuación que toma la forma $a + bx$, donde una cantidad constante, b es a cantidad constante, y x cambia (x es variable).

Straight-line method (see exhibit 19). Método de línea recta para calcular la depreciación del activo fijo. "La depreciación periódica através de la vida útil del activo es constante."

Strategy. Estrategia. Lograr los objetivos.

Strive. Preocuparse.

Style. Estilo.

Subject to. Sujeto a, referente a.

Submit. Someter, presentar, referir, exponer.

Subordinated debt. Deuda subordinada o rebajada.

Suborn. Sobornar.

Suborner. Cohechador, sobornador.

Subrogation. Substitución de un acreedor. Subrogación.

Subscribed capital stock. Capital suscrito en acciones.

Subscription. Suscripción.

Subscription receivable. Suscripción por cobrar. Refleja cantidades suscritas en acciones que tiene una corporación.

Subscription right. Derecho de suscripción.

Subsidiary accounts. Cuentas subsidiarias, cuentas auxiliares.

Subsidiary company. Compañía subsidiaria. Corporación en que el control de las acciones está en posesión de otra corporación principal. Compañía cuyas acciones son poseídas por una compañía subsidiaria.

Subsidiary-company accounting. Contabilidad de compañía subsidiaria.

Subsidiary Ledger. Mayor auxiliar. Grupo de cuentas con características comunes que es controlada por una cuenta en el libro mayor general.

Subsidiary plant ledger. Un libro mayor que contiene los récords de cada activo fijo.

Subsidy. Subsidio, ayuda financiera de parte del gobierno o cualquier institución a personas o instituciones.

Subvention. Concesión para la organización de una empresa o institución caritativa, literaria o científica.

Successful efforts approach. Capitalización de los costos de exploración de proyectos exitosos.

Sum of the years digit method (see exhibit 19). Método de sumar los dígitos de los años para calcular la depreciación: (véase apéndice 19). Fórmula: $S = N \dfrac{(n-1)}{2}$.

Summary report. Informe donde se resume todo lo relacionado con la empresa.

Sundry accounts. Cuentas varias.

Sunk cost. Costos pasados que no pueden ser cambiados por la agencia. Costo que no puede cambiarse por una decisión presente o futura.

Supplementary cost. Costo suplementario, costo adicional.

Supply. Suministro, materiales de oficina.

Supply price. Precio que se paga por un género en cierto período y tiempo en específico.

Support. Respaldar, suplir, apoyar.

Supporting record. Tarjetas u hojas de mayor para mantener la exactitud de las cuentas en el libro mayor general.

Surety. Garantía, persona o empresa que garantiza la buena fe de otra. Seguridad.

Surplus. Excedentes, sobrantes, superávit.

Surplus from consolidation. Exceso del valor en los libros a la fecha de consolidar dos corporaciones o sociedades.

Surrogate. Actuación de una persona en representación de otra persona, sea natural o jurídica.

Surtax. Impuesto adicional federal. Sobretasa de impuesto. Aplica solamente a las corporaciones.

Surviving. Sobrevivir, supervivencia.

Sustain. Incurrir, sostener, soporte.

Symbol. Símbolo, número, clave, con fines de identificación.

Syndicate. Sindicato, grupo, gremio, asociación. Unión obrera.

Synthetic standards. Agregados predeterminados fabricados hasta la medida de elementos básicos de un proceso.

System. Sistema, integración de objetos, eventos, o ideas orientadas para construir una unidad funcional.

System design. Sistema de contabilidad que se implanta en una empresa.

System of accounts. Sistema, clasificación de cuentas, formas, procedimientos y controles, que sirven para registrar y controlar los activos, pasivos, ingresos, gastos y resultados de las transacciones.

T

T-account. Cuenta T en el libro mayor. Forma de cuenta usada a menudo para demostrar los efectos de una transacción o serie de transacciones o para resolver problemas elementales de contabilidad.

Tag. Rotular.

Takeover. Intercambiar acciones de capital.

Tangible assets. Activos tangibles, que tienen existencia física.

Tangible value. Valor real. Verdadero valor. Valor tangible.

Tare. Cantidad incluida en el peso bruto de un artículo, tara.

Target cost. Costo regular, costo fijo.

Target net income. Objetivo de ingreso para líneas de producción individuales.

Target price. Precio de contrato, precio convenido.

Tariff. Tarifa, contribución impuesta a bienes importados o exportados.

Tax. Impuesto, contribución, cargo gravado por el gobierno sobre los ingresos o bienes de una persona o empresa.

Tax accounting. Contabilidad de contribución sobre ingresos.

Tax advantage. Rebajar impuesto o contribución por reglamento de ley, ventaja fiscal. Ventaja contributiva.

Tax anticipation note. Nota que se emite por anticipado para el cobro de impuestos.

Tax avoidance. Cantidad mínima de impuesto es pagada a más tardar del tiempo permitido por la ley.

Tax credits. Reducción directa de deuda de contribución o impuesto.

Tax evasion. Evasión de impuestos. Evadir el pago de contribuciones.

Tax lien. Reclamo de contribución impuesta por parte del gobierno.

Tax preference. Partidas sujetas a un 10% de impuesto adicional al impuesto regular.

Tax receivable. Impuesto o contribuciones por cobrar.

Tax roll. Registro para anotar los cobros de los impuestos o contribuciones.

Tax shelter. Inversión designada para tomar ventaja de varios beneficios de impuestos.

Tax specialist. Contador especialista en contribuciones.

Taxable entities. Individuos, sociedades, corporaciones sujetas a pagar impuestos.

Taxable income. Ingreso gravable, beneficio o ganancia gravable, ingreso tributable.

Taxable profit. Ganancia tributable.

Taxation. Area de la contabilidad pública que envuelve asesoramiento, planeo y preparación de planillas de contribuciones.

Taylor made. Hecho o fabricado a mano.

Taylor made performance report. Informe para reportar los factores que se consideran importantes en la evaluación del trabajo que desempeña una persona.

Teller (cashier). Cajero de banco.

Temporary capital accounts. Cuenta temporera de capital, incluye ingresos, gastos y retiros de dinero.

Temporary investments. Inversiones listas para mercadear y que se intenta convertir en efectivo dentro del próximo año o ciclo operacional, cual fuere más largo.

Temporary propietorship accounts. Cuentas de ingresos, gastos y retiro usadas durante el período contable.

Tenant in common. Cualesquiera personas que poseen propiedad real o personal mancomunadamente.

Tentative balance sheet. Balance preliminar o tentativo, estado de situación tentativo o preliminar.

Term bonds. Bonos que vencen en la misma fecha.

Term loan. Préstamo a largo plazo.

Terminals. Barra para entrar información en la computadora sin haber perforado antes la información en las tarjetas o cintas perforadas.

Terms of sale. Términos o condiciones de pagos de una venta. Ejemplo: 2/10; n 3/0.

Territory. Territorio donde la firma puede vender sus productos.

Test. Examen, investigación, verificación, prueba.

Testamentary. Testamentario, perteneciente al testador o al estado.

Testamentary trust. Documento por poder confiable.

Testcheck. Prueba selectiva, verificación, examen de una cuenta para verificar su conformidad.

Text. Texto, cuerpo, contenido.

Thresholds. Comienzos, inicios.

Tickler. Archivo o expediente donde figuran las obligaciones a vencer en orden alfabético o numérico.

Tickler file. Archivo en el cual los comprobantes no pagados son archivados en orden de vencimiento.

Time deposit. Depósito en cuenta de ahorro o plazo fijo.

Time draft. Giro a días fecha o días vista.

Time interest ratio. Porcentaje o tasa de interés en una obligación a largo plazo.

Time period principle. Progreso debe ser estimado en base a intérvalos cortos para poder hacer decisiones.

Time perspective. Perspectivas de tiempo. Comparar entre el mes actual y el anterior para descubrir cambios.

Time sharing. Uso de un computador central a través de un terminal de un pago mensual de honorarios de un suscritor.

Time value of money. El dólar que se recibe hoy tiene mucho más valor que el que se reciba en el futuro.

Timer interest earned ratio. Medidas tomadas por la empresa para pagar los intereses a su vencimiento. Se divide el ingreso antes de descontar los intereses y los impuestos por los gastos de intereses.

Title. Derecho de propiedad, título.

Title insurance. Garantía, seguro del título de propiedad.

To accrue. Acumular.

To balance an account. Saldar una cuenta.

To charge or debit an account. Cargar o debitar una cuenta.

To close an account. Cerrar una cuenta, saldar una cuenta.

To lease. Arrendar, alquilar.

To open an account. Abrir una cuenta en el libro mayor. Abrir una cuenta de ahorros o corriente en el banco.

To post. Transferir del diario o jornal al libro mayor. "Postear".

To reconcile. Conciliar, cotejar el estado del banco con el libro de cheques de la empresa. Reconciliar.

Tolerance. Cantidad y dirección de desviación de una dimensión básica.

Tool. Instrumento o herramienta para uso en operaciones mecánicas.

Total equity. Patrimonio o interés total de los accionistas.

Total labor variance. Diferencia entre horas actuales por la tasa actual y horas estándar de la tasa de mano de obra.

Total material variance. Diferencia entre cantidad actual por precio actual y la cantidad estándar por el precio estándar de materiales.

Total overhead variance. Diferencia entre los costos indirectos de manufacturación y costos aplicados.

Trace. Rastrear, seguir, trazar, comparar.

Traceable costs. Costos que pueden

identificarse con alguna unidad de costo en específico.

Trade acceptance. Aceptación o giro comercial.

Trade association. Asociación comercial.

Trade discount. Descuento comercial. Reducción del precio de lista o catálogo en una venta.

Trade-in. Canjear, disponer, negociar.

Trade-in-allowance. Bonificación en el canje de algún equipo.

Trade receivables. Cuentas y notas por cobrar derivadas de la venta de mercancía a crédito. Se cobran en el próximo período operacional.

Trademark. Marca registrada, marca genuina, marca original. Palabra, frase, símbolo que distingue o identifica una empresa o un producto en particular.

Tradename. Nombre por el cual se conoce un producto en los círculos comerciales.

Trader. Negociante.

Trading. Comercio.

Trading gains. Exceso del precio de venta de mercancía sobre el precio de reemplazo.

Trading on the equity. Ganancias derivadas de préstamos a un tipo de interés bajo, y que se reinvierten con fines lucrativos. Véase **leverage**.

Trading profit. Ganancia por especulación.

Transaction. Transacción comercial, operación. Registro de eventualidades económicas de una empresa.

Transaction analysis. Estudio de las transacciones del negocio para determinar su efecto de los estados financieros.

Transactor. Negociador.

Transfer. Transferir, pasar una propiedad a otra persona, transferir el título de propiedad.

Transfer price. Incluye costo total más ganancia normal, precio del mercado y precio negociado.

Transform. Cambiar, convertir.

Translate. Traducir, determinar el equivalente de la moneda extranjera. Aclarar.

Translation (adjustment). Cantidad que se necesita para balancear el estado de situación después de haber trasladado las partidas individuales.

Translocation. Cambio recíproco.

Transportation cost. Costo de transportación, fletes, acarreos.

Transportation on purchases. Costos de fletes en la mercancía comprada.

Treasurer. Tesorero.

Treasury stock or shares. Acciones

en cartera. Acciones de la misma corporación readquiridas por compra o donación por la empresa sin haber sido canceladas y pagadas en su totalidad.

Trial balance. Balance de comprobación. Listado de cuentas del libro mayor general con sus balances.

Trust. Confiar, fideicomiso.

Trust deed. Documento confiable.

Trust fund. Confiar fondos para ser administrados por otra persona o institución financiera.

Trustee. Persona o institución a quien se le confían fondos para que los administre. Síndico. Fiduciario. El que tiene el *corpus* del fideicomiso para beneficio del fideicomisario.

Turnover. Rotación, movimiento, veces que se mueve el inventario, el activo, el capital, en una empresa.

Type. Tipo, modelo, norma.

U

Unadjusted rate of return. Porcentaje de rendimiento computado sin haberse tomado en consideración el valor del dinero en ese momento dado.

Unamortized debt. Pasivo, deuda, obligación no amortizada, no pagada.

Unapplied cash. Efectivo no reservado para propósitos especiales.

Unappropriated income. Ingreso no comprometido, cuenta separada para control presupuestario en la cual se acredita el exceso del estimado sobre los gastos estimados, tal y como se presenta en el presupuesto aprobado.

Unappropriated retained earnings. Partida del capital ganado que no ha sido comprometido o restringiddo por la junta de directores de la corporación.

Unavoidable cost. Costo que debe ser continuado dentro del programa de retractación comercial. Equivalente a costos fijos.

Unbiased data. Información no parcializada.

Uncertain. Incierto, inseguro, incertidumbre.

Unclaimed dividends. Dividendos no reclamados.

Unclaimed wages. Sueldos no reclamados. Jornales no reclamados.

Uncollectible account. Cuenta incobrable. Cuenta morosa.

Unconsolidated subsidiary. Corporación parcialmente poseída por una compañía en un grupo consolidado.

Underapplied overhead. Situación en que una cantidad mínima de los costos indirectos de manufactura son transferidos al inventario de trabajo en proceso de elaboración. Los costos de manufactura son asignados al trabajo en proceso cuando es menor que el costo de la manufactura.

Underestimate. Subestimar, evaluar por debajo del precio.

Underlying. Enfatizando, subrayando.

Understate. Estar por debajo de...

Underwriter. Persona, empresa o entidad bancaria que compra valores con el propósito de revenderlos.

Underwriter syndicate. Grupo que se responsabiliza de mercadear todo o parte de la emisión de los valores.

Undistributed profit. Ganancia o beneficio sin distribuir.

Undivided profit. Ganancia o beneficio sin distribuir, sin dividir entre las partes.

Unearned revenue or income. Ingreso recibido y registrado como pasivo antes de ser ganado.

Unexpected cost. Costo inesperado.

Unexpected profit. Ganancia inesperada.

Unexpired cost. Costo no vencido, pendiente de aplicación a operaciones.

Unfair competition. Competencia injusta, competencia desleal.

Uniform accounting system. Sistema uniforme de contabilidad.

Unissued capital stock. Capital autorizado en acciones sin emitir.

Unit. Unidad, lote, renglón, partida.

Unit cost. Costo por unidad.

Unit of production. Unidad o capacidad de producción.

Units of activity method. Método de depreciación donde la vida útil del activo es expresada en términos del total de unidades de producción o el uso esperado del activo.

Unlimited liability. Pasivo, obligación, deuda ilimitada.

Unpaid dividend. Dividendo declarado, pero no pagado.

Unrealized appreciation. Cantidad por la cual el exceso de reevaluación del activo es mayor que el valor en los libros.

Unrealized gross profit. Una cuenta con balance de crédito reflejando ganancia bruta en mercancía vendida a plazo.

Unrealized revenue. Ganancia no realizada.

Unrecovered cost. Porción de la inversión original no amortizada por el proceso o método de depreciación o agotamiento.

Unsecured account. Cuenta no garantizada. Cuenta no asegurada.

Unsecured bond (see debenture bonds). Bono no garantizado. Bono no asegurado, emitido contra el crédito general del prestatario.

Unsecured liability. Pasivo en que el deudor no ofrece garantía. Deuda no asegurada.

Unsecured loan. Préstamo sin garantía. Préstamo no asegurado.

Update. Al día, poner al día, estar al día.

Upset price. Precio más bajo al cual el vendedor está dispuesto a vender.

Useful. Util, usable, provechoso.

Useful life. Vida útil probable de un activo fijo, período, lapso de duración del activo fijo. Tiempo de servicio de una facilidad productiva.

Usefulness. Propiedad o activo que continúa con utilidad.

User cost. Costo incurrido o pérdida sostenida en un activo fijo como resultado de continuar en servicio, más que disponer del mismo a través de la venta o como valor residual o restringiendo su uso.

Utility. Utilidad, capacidad para satisfacer un deseo o propósito en particular. Servicio público.

V

Valid. Exacto, preciso, válido.

Validate. Probar. Certificar exactitud, precisión. Validar.

Validation. Determinación de los resultados de un examen con los elementos necesarios de exactitud, relevancia y precisión.

Validity. Validez.

Valorize. Fijar valor a un género por ley, principio o acción gubernamental.

Valuation. Valorar. Valorar una cuenta, activos, propiedades en términos monetarios.

Valuation excess. Sobre valuación.

Value. Valor, estimar, llevar cuenta de.

Valuer. Valuador, tasador.

Variable. Variable, clasificación, ecuación.

Variable budget. Presupuesto variable. Determinante de costos periódicos o fijos, costos variables e ingresos.

Variable cost or expense. Costo o gasto variable, gasto operacional que varía directamente, algunas veces proporcionalmente, con las ventas o volumen de producción, facilidad, utilización u otra medida. Costos que varían en su totalidad directamente y proporcionalmente con los cambios en el nivel de actividad.

Variable cost ratio. Relación entre ingresos por venta y costos variables.

Variable costing. Procedimiento de preparar un estado de ingresos que incluye la valoración de inventario, los costos directos de manufactura y tratar los costos como costos periódicos.

Variance. Diferencia entre la ejecución estándar y la actual expresada en términos de costos o unidades físicas. Diferencia entre costos actuales y costo estándar.

Variable gauge. Tipo de calibrador para medir dimensiones de productos manufacturados o una unidad en específico.

Verification. Verificación, investigación, intervención de cuentas.

Verify. Verificar, comprobar, investigar, auditar.

Vertical analysis. Comparación de una partida en particular de un estado financiero con un total que incluya esa partida, tal como, inventarios como un porcentaje de activos corrientes o gastos operacionales en relación a ventas netas.

Volumen. Nivel de producción y ventas de una firma en términos de número de unidades. Volumen.

Voucher. Documento, comprobante que sirve como evidencia de pago. Acuse de Recibo.

Voucher audit. Examen y aprobación del pago de un comprobante por autoridad administrativa.

Voucher check. Cheque que evidencia el pago de un comprobante.

Voucher index. Lista alfabética de los nombres de las personas o empresas a quienes se les han hecho pagos. Se usa en conjunto con el registro de comprobantes. Indice de comprobantes.

Voucher register. Libro, diario para registrar los comprobantes. Registro de comprobantes.

Voucher system. Sistema de comprobantes.

Vouching. Preparación de comprobantes, proceso de verificación envuelto en el examen de los expedientes de comprobantes.

W

Wage and tax statement (form W-2). Forma W-2, completada por el patrono y entregada al empleado a fin de año para preparar la planilla de contribución sobre ingresos, incluye seguro social, salario devengado y otras deducciones.

Wages. Sueldos, compensación por labor realizada, jornales. Cantidad pagada a los empleados basado en horas o unidades de trabajo.

Waiting period. Los 20 días que concede la Comisión de Valores y Cambios de los Estados Unidos entre el archivo del registro de un estado y la fecha de efectividad.

Warehouse. Almacén, lugar para almacenar productos o mercancía.

Warehouse receipt. Recibo de almacén, evidencia de título que se le da a los poseedores de bienes localizados en almacenes.

Warrant. Garantía, respaldo, colateral.

Warranty. Promesas del vendedor para defender título y posesión de un bien.

Waste. Desperdicio, consumir material fungible, gastar.

Wasting asset. Activo fijo, activo con vida limitada. Activos que consisten de aserraderos de madera y depósitos de aceite, gas y minerales.

Watered capital. Valor inflado de acciones de capital.

Watered stock. Acciones con valor ficticio, inflado.

Weaknesses. Errores, flaquezas, fracasos.

Wealth. Riqueza, algo de valor y de utilidad. Caudal.

Weighted average method. Método de promedio ponderado para manejar los costos de los activos e inventario final. Divide el costo total de la mercancía disponible para la venta entre el costo total de unidades disponibles para la venta durante el período.

Wholesale price index. Indice de nivel de precios donde se toma en cuenta los precios de la mercancía comprada al por mayor para usarse en el proceso de producción.

Will. Testamento, documento preparado por una persona antes de morir disponiendo de sus bienes y propiedades.

Windfall. Ganga, provecho.

Windfall profit. Ganancia inesperada.

Winding-up. Liquidación, conclusión, espiral, rumbo, desenlace.

Withdrawal. Retiro, retiro de fondos por el dueño de una empresa para su uso personal.

Withholding. Proceso por el cual se hace una deducción del pago de un salario o jornal de un individuo con fines contributivos. Retención.

Withholding table. Tabla preparada por el gobierno federal para que sirva de guía a los patronos al deducir la contribución sobre ingresos de los salarios a sus empleados.

Work in process or in progress. Producción en proceso, proceso de elaboración, proceso de manufacturación. Trabajo en proceso o en progreso.

Work in process inventory. Activo corriente que consiste de los costos de materia prima, costos directos de elaboración y costos de manufactura excluyendo los costos directos y de materia prima. Inventario en proceso de elaboración.

Work order. Orden de trabajo.

Work program. Plan de trabajo.

Work sheet (Working paper). Hoja de trabajo.

Work study. Investigación, estudio de trabajo. Método de investigación designado a proveer mejores oportunidades de empleo o funcionamiento técnico dentro de los requisitos operacionales.

Work unit. Unidad de trabajo.

Working asset. Cualquier activo que no sea activo de capital.

Working capital. Capital de trabajo, capital operacional. Exceso de activos corrientes sobre pasivos corrientes.

Working capital provided by regular operations. Capital de trabajo provisto por las operaciones regulares de la empresa.

Working capital ratio. Relación de activos corrientes.

Working capital turnover. Ventas netas divididas entre capital de trabajo.

Working-hours method. Método de calcular horas de trabajo.

Working papers (Work sheet). Informe donde se estipula el balance de comprobación, balance de comprobación ajustado, estado de ingresos, estado de ganancia retenida y estado de situación. Hoja de trabajo.

Worth. Valor, equivalencia, mérito.

Write down. Castigar, reducir el saldo de una cuenta de activo.

Write off. Cancelar el saldo de una cuenta. Declarar una cuenta incobrable.

Write up. Anotar o registrar un aumento en el valor de un activo.

X

Xaxis. Escala horizontal de una gráfica.

Y

Yaxis. Escala vertical de una gráfica.

Year ended. Por el año que terminó.

Yield. Rendimiento de un valor. Producir utilidad, redituar, ceder, admitir.

Z

Zero. Cero. Sin balance. Dejar una cuenta sin balance en el libro mayor. Cerrar la cuenta en el libro mayor general.

Zone system pricing. Fijar precio de acuerdo a las zonas o áreas del mercado.

APÉNDICES
EXHIBITS

APENDICE 1A
Corporación Ramos, Avila y Pérez

ESTADO DE SITUACION O CONDICION FINANCIERA
31 de diciembre de 1991

Activo:
  Activo circulante: corriente
Caja	$17,500.00	
Cuentas por cobrar	10,000.00	
Almacén (Inventario de mercancía)	12,000.00	$39,500.00

Activo fijo: (Permanente)
  Terreno   10,000.00

Suma del activo: $49,500.00

Pasivo:
  Pasivo circulante: corriente
Cuentas por pagar	$21,000.00	
Sueldos por pagar	1,500.00	$22,500.00

Capital
Capital en acciones	$25,000.00	
Utilidades retenidas	2,000.00	$27,000.00
Suma de pasivo y capital		$49,500.00

EXHIBIT 1A
Ramos, Avila and Pérez Corporation

BALANCE SHEET
December 31, 1991

Assets		
Current assets		
Cash	$17,500	
Accounts receivable	10,000	
Merchandise inventory at cost	$12,000	$39,500
Long-term investment:		
Investment in land		10,000
Total Assets		$49,500
Equities		
Current liabilities		
Accounts payable	21,000	
Salaries payable	1,500	$22,500
Shareholder's equity or stock holder's equity		
Capital stock 2,500		
Shares or stock issued and outstanding	$25,000	
Retained earnings	2,000	$27,000
Total equities		49,500

EXAMPLE OF A CORPORATION BALANCE SHEET

APENDICE 1B
Corporación Ramos, Avila y Pérez

ESTADO DE SITUACION COMPARATIVO,
ESTADO DE CONDICION FINANCIERA COMPARATIVO
31 de diciembre de 1990 y 1991

	31 de diciembre	
Activo:	1991	1990
Caja	$ 4,700.00	$ 3,000.00
Cuentas por Cobrar	12,500.00	12,000.00
Mercancía (Inventario de mercancía)	9,000.00	8,000.00
Terreno	6,600.00	6,000.00
Total de activo	$32,800.00	$29,000.00
Pasivo y capital:		
Cuentas por pagar	$ 5,500.00	$ 8,000.00
Capital en acciones	25,000.00	20,000.00
Utilidades retenidas	2,300.00	1,000.00
Total de pasivo y capital	$32,800.00	$29,000.00

EXHIBIT IB
Ramos, Avila and Pérez Corporation
COMPARATIVE BALANCE SHEET
December 31, 1990 and 1991

	December 31	
Assets	**1991**	**1990**
Cash	$ 4,700	3,000
Account receivable	12,500	12,000
Merchandise	9,000	8,000
Land (lot)	6,600	6,000
Total assets	$32,800	$29,000
Equities		
Accounts payable	$5,500	$8,000
Capital stock	25,000	20,000
Retained earnings	2,300	1,000
Total equities	$32,800	$29,000

APENDICE 1C
José Pérez

ESTADO DE SITUACION O
ESTADO DE CONDICION FINANCIERA
31 de diciembre de 1991

Activo:
  Activo circulante (corriente)

Caja	$1,850.00	
Cuentas por cobrar	9,000.00	
Documentos por cobrar	2,000.00	
Mercancía (Inventario de mercancía)	4,000.00	

Suma de activo $16,850.00

Pasivo:
  Pasivo circulante: (corriente)

Cuentas por pagar	$4,000.00	
Documentos por pagar	2,000.00	

Suma de pasivo $ 6,000.00

Capital:
  José Pérez, capital   10,850.00

Suma de pasivo y capital $16,850.00

EXHIBIT IC
José Perez

BALANCE SHEET
December 31, 1991

Assets
Current assets

Cash	$ 1,850
Accounts receivable	9,000
Notes receivable	2,000
Merchandise inventory	4,000

TOTAL ASSETS $16,850

Equities
Current liabilities

Accounts payable	$4,000
Notes payable	$2,000

TOTAL CURRENT LIABILITIES $ 6,000

Proprietor's equity
José Pérez, Capital   10,850

TOTAL EQUITIES $ 16,850

APENDICE 1D
Gómez y Cruz

ESTADO DE SITUACION
O ESTADO DE CONDICION FINANCIERA
31 de diciembre de 1991

Activo:

Activo circulante: (corriente)

Caja	$14,800.00	
Cuentas por cobrar	18,000.00	
Almacen (Inventario de mercancía)	6,000.00	
Suma de activo:		$38,800.00

Pasivo:

Pasivo circulante: (corriente)

Cuentas por pagar		$ 4,000.00

Capital:

Jorge Gómez, capital	$13,000.00	
Rubén Cruz, capital	21,800.00	34,800.00
Suma de pasivo y capital		$38,800.00

EXHIBIT 1D
Gómez and Cruz
BALANCE SHEET
December 31, 1991

Assets		
Cash		$14,800
Accounts receivable		18,000
Merchandise inventory		6,000
Total current assets		$38,800
Equities		
Current liabilities		
Accounts payable		$4,000
Partner's equity		
Jorge Gómez, Capital	$13,000	
Rubén Cruz, Capital	21,800	34,800
Total equities		$38,800

EXAMPLE OF A PARTNERSHIP BALANCE SHEET

APENDICE 2

Corporación Ramos, Avila y Pérez
ESTADO DE INGRESOS
(Estado de Ganancias y Pérdidas)
al 31 de diciembre de 1991

Ingresos:
  Ventas de mercancía $82,000.00

Menos:
  Costo de lo vendido   48,000.00

Utilidad bruta $34,000.00

Menos:
  Gastos de operación:
    Sueldos y salarios $18,000.00
    Gastos de venta   4,800.00
    Otros gastos   5,200.00   28,000.00

Utilidad neta (ingreso neto) $ 6,000.00

APENDICE 3
Casa Ramos, Avila y Pérez

ESTADO DE UTILIDADES RETENIDAS AL
31 de diciembre de 1991

Utilidades retenidas al principio del ejercicio $ -0-

Utilidad neta del 1991   4,000.00

Total $4,000.00
Menos: Dividendos pagados   2,000.00

Utilidad retenida al final del ejercicio del año 1991 $2,000.00

EXHIBIT 2
Ramos, Avila and Pérez Corporation

INCOME STATEMENT
(PROFIT AND LOSS STATEMENT)
For the year ended Dec. 31, 1991

Revenues:		
Sales merchandise		$82,000
Deduct expenses:		
Cost of good sold	48,000	
Salaries expenses	18,000	
Rent expense	4,800	
Other expense	5,200	
Total expenses		$76,000
Net income or profit		$ 6,000

EXHIBIT 3
Ramos, Avila and Pérez Corporation

RETAINED EARNINGS STATEMENT
For the year ended Dec. 31, 1991

Retained earnings beginning year	$ 0
Net income or profit for 1991	4,000
Total	$4,000
Deduct dividends	2,000
Retained earnings (end of year)	2,000

APENDICE 4
Compañía A

ESTADO DE ORIGEN Y
APLICACION DE CAPITAL DE TRABAJO
al 31 de diciembre de 1991

Fuentes de capital de trabajo:

Operaciones $4,850.00

Emisión de capital en acciones:
Par o nominal $4,500.00
Prima   450.00   4,950.00

Venta de inversión en valores   2,000.00 $11,800.00

Usos del capital de trabajo:
Pago de pasivo a largo plazo   5,000.00
Pagos de dividendos   1,000.00   6,000.00

Aumento en el capital de trabajo $5,800.00

EXHIBIT 4

Company A
SOURCES AND USES OF WORKING CAPITAL
For the year ended December 31, 1991

Sources of working capital
    Operations $4,850

Sources of working capital			
Operations		$4,850	
Capital stock issued:			
Premium	$ 450		
Par	4,500	4,950	
Sale of security investment		2,000	$11,800
Uses of working capital			
Long-term debt		$5,000	
Dividends payment		1,000	6,000
Working capital increases			$ 5,800

APENDICE 5
Compañía A

ESTADO DE CAPITAL DE TRABAJO
31 de diciembre de 1990 y 1991

Cambios en el Capital de Trabajo:
31 de diciembre

	1991	1990	Aum.	Dism.
Activo:				
Activo circulante: (corriente)				
Caja	$6,600.00	$3,400.00	$3,200.00	
Cuentas por cobrar	$5,900.00	$6,200.00		$ 300.00
Mercancía	$19,000.00	16,500.00	2,500.00	
(inventario de mercancía)				
Suma de Activo	$31,500.00	$26,100.00		
Pasivo:				
Pasivo circulante: (corriente)				
Cuentas por pagar	$ 1,900.00	$ 1,500.00		400.00
Capital de trabajo	$29,600.00	$24,600.00		
Aumento en capital de trabajo			_____	$5,000.00
			$5,700.00	$5,700.00

EXHIBIT 5
Company A
SCHEDULE OF WORKING CAPITAL
December 31, 1991 and 1990

	December 31 1991	December 31 1990	Changes in Working Capital Increase	Changes in Working Capital Decrease
Current assets				
Cash	6,600	$ 3,400	3,200	
Account receivable	5,900	6,200		$ 300
Merchandise	19,000	16,500	2,500	
Total current assets	$31,500	$26,100		
Current liabilities				
Accounts payable	$ 1,900	$ 1,500		400
Working capital	$29,600	$24,600		
Increase in working capital				5,000
			$5,700	$5,700

APENDICE 6

Compañía A
ESTADO DE FLUJOS DEL EFECTIVO
Por el año que terminó el 31 de diciembre de 1991

Flujos de efectivo de actividades operacionales
Ingreso neto $25,840

Ajuste para reconciliar el ingreso neto al efectivo neto provisto por actividades operacionales:

Aumento en cuentas por cobrar	($7,000)	
Aumento en pasivos corrientes	4,000	
Gasto de depreciación	9,500	
Ganancia en la venta de inversiones	(1,375)	5,125

Efectivo neto provisto por actividades operacionales $30,965
Flujo de efectivo de actividades de inversión

Ventas de inversiones	$11,850	
Compra de terreno	(8,570)	

Efectivo neto provisto por actividades de inversión   3,280

Flujos de efectivo de actividades financieras

Venta de acciones	$25,000	
Bonos redimidos	(5,000)	
Pagos de dividendos	(6,375)	

Efectivo neto provisto por actividades financieras   13,625

Aumento neto del efectivo   47,870
Efectivo al empezar el período   5,742

Efectivo al terminar el período $53,612

EXHIBIT 6
Company A
STATEMENT OF CASH FLOWS
For the year ended Dec. 31, 1991

Cash Flows from operating activities

Net Income $25,840

Adjustments to reconcile Net Income to the Net Cash provided
by operational activities:

Increase in accounts receivable	($7,000)	
Increase in current liabilities	4,000	
Depreciation expenses	9.500	
Gain on sale of investments	(1,375)	5,125

Net cash flow provided by operational activities $30,965

Cash flows from investing activities

	$11,850	
Purchase of land	(8,570)	

Net cash flow provided by investing activities   3,280

Cash flows from financing activities

Sale of Capital Stock	$25,000	
Redemption of bonds	(5,000)	
Payment of dividens	(6,375)	

Net cash flow provided by financing activities   13,625

Net increase in cash flows   47,870

Cash at beginning of the period   5,742

Cash at ending of the period $53,612

APENDICE 7

Compañía A B C
ESTADO DEL COSTO DE PRODUCTOS MANUFACTURADOS
Por el año que terminó el 31 de diciembre de 1991

Costo de la materia prima	$ 895,750
Costo de la fuerza obrera	662,550
Costo de producción	441,700
Costo de producción realizada durante el período	$2,000,000
Más productos en proceso al empezar el año	215,250
Total del costo de la producción	2,215,250
Menos: Productos en proceso al terminar el año	120,000
COSTO DE LOS PRODUCTOS MANUFACTURADOS	$2,095,250

EXHIBIT 7

Company A, B and C
COST OF GOODS MANUFACTURED STATEMENT
For the year ended in December 31, 1991

Cost of direct material	$ 895,750
Cost of labor	662,550
Cost of factory overhead	441,700
Cost production utilized	$2,000,000
Plus beginning goods in process (1991)	215,250
Total of the production cost	2,215,250
Minus ending goods in process (1991)	120,000
COST OF THE GOODS MANUFACTURED	$2,095,250

APENDICE 8

Casa A. B. y C. S.A.
ESTADO DE SITUACION
(Estado de Condición Financiera)
31 de diciembre de 1991

ACTIVO

Activo circulante:

Efectivo en caja y bancos		$ 38,500	
Valores negociables (al costo:			
valor en el mercado $71,500.00)		70,000	
Pagarés por cobrar	$ 20,000		
Cuentas por cobrar	45,000		
	$65,000		
Menos: provisión para cuentas dudosas	5,000	60,000	
Reclamación para reembolso de			
contribución sobre ingresos		9,000	
Cuentas de acreedores con balance de débito		750	
Anticipos de sueldos a empleados		1,250	
Intereses acumulados por cobrar sobre pagarés		250	
Inventarios (al más bajo costo o mercado)		125,000	
Gastos pagados por anticipado:			
Inventario de materiales	$ 3,000		
Seguros	4,250	7,250	$312,000

Inversiones:

Efectivo y valores en fondos para		
redimir acciones preferidas	22,500	
Valor de liquidación en efectivo de		
pólizas de seguros de vida de oficiales	7,500	30,000

Activo fijo:	Costo	Depreciación Acumulada	Valor en los libros	
Tangibles	$ 60,000		$ 60,000	
Terreno	150,000	35,000	115,000	
Edificios	100,000	45,000	55,000	
	$310,000	$80,000	$230,000	230,000

Activos intangibles:		
Costos de organización	$ 7,500	
Plusvalía	17,500	25,000

Cargos diferidos

Anticipos de sueldos a oficiales	10,000	
Depósitos de clientes	10,000	20,000
TOTAL DE ACTIVO		$617,000

PASIVO

Pasivo circulante:

Pagarés por pagar a acreedores		$ 14,250	
Cuentas por pagar		12,500	
Dividendos por pagar		5,000	
Adelantos de clientes		5,750	
Estimado de contribuciones sobre ingresos por pagar		27,000	

Deudas acumuladas:

Sueldos y salarios por pagar	$ 1,500		
Impuestos por pagar	1,500	3,000	$ 67,500

Pasivo fijo:

7-1/2% bonos primera hipoteca vence en 12/31/97	$100,000	
Menos: Descuento en bonos sin amortizar	15,000	85,000

Créditos diferidos:

Ingreso por arrendamiento no devengado	25,000

Otras deudas a largo plazo

Contribución sobre ingresos por pagar diferida	7,500

TOTAL DEL PASIVO	$185,000

Participación de los accionistas:

Capital aportado
Acciones comunes $5.00 Valor establecido
100,000 acciones autorizadas $50,000

Capital aportado en exceso del valor establecido en acciones comunes	$50,000	$300,000
Utilidades retenidas		132,000
Capital		$432,000

TOTAL PASIVO + CAPITAL	$617,000

Ejemplo de Estado de Condición Financiera detallado en forma de Reporte o de Informe

ACTIVO = PASIVO + CAPITAL

EXHIBIT 8
Casa A B y C, S. S
BALANCE SHEET
December 31, 1991

ASSETS

Current assets

Cash			$ 38,500
Marketable securities at cost			70,000
Notes receivable	$ 20,000		
Accounts receivable	45,000		
Less: Allowance for doubtful	$ 65,000		
accounts	5,000		60,000
Claim for income tax refund			9,000
Creditor's accounts with debit			
balances			750
Advances to employees			1,250
Accrued interest on notes receivables			250
Inventories			125,000
Prepaid expenses:			
Supply inventories	$ 3,000		
Insurance	4,250	7,250	$ 312,000

Investments:

Cash and securities in preferred		
stock (fund)	22,500	
Cash surrender value of officers'		
life insurance policies	7,500	30,000

FIXED ASSETS

	Cost	Depr.	Accum. Book Value	
Tangible assets				
Land	$ 60,000		$ 60,000	
Buildings	150,000	$ 35,000	115,000	
Equipment	100,000	45,000	55,000	
	$310,000	$ 80,000	$ 230,000	230,000
Intangible assets:				
Organization cost			7,500	
Goodwill			17,500	25,000
Other long-term assets:				
Advances to officers			10,000	
Customer deposits			10,000	20,000
TOTAL ASSETS				$617,000

LIABILITIES

Current liabilities:

Notes payable, trade creditors		$ 14,250	
Accounts payable		12,500	
Dividends payable		5,000	
Advances from customers		5,750	
Estimated income taxes payable		27,000	

Accrued liabilities:			
Salaries and wages payable	$1,500		
Taxes payable	1,500	3,000	$ 67,500

Long-term debt:			
7 1/2% first mortgage bonds due			
December 31, 1997		$100,000	
Less: Unamortized bond discount		15,000	85,000

Deferred revenues:		
Unearned lease income		25,000

Other long-term liabilities:		7,500
Deferred income taxes payable		

TOTAL LIABILITIES	$185,000

STOCKHOLDERS' EQUITY

Paid-in capital:

Common stock, $5 stated value, 100,000 shares authorized, 50,000 shares issued and outstanding	$250,000	
Paid-in capital from sale of common stock at more than stated value	50,000	$300,000
Retained earnings		132,000

Total stockholder's equity	$432,000

Total liabilities and stockholder's equity	$617,000

EXAMPLE OF A BALANCE SHEET IN REPORT FORM

APENDICE 9

Casa Ramos
ESTADO DE GANANCIAS Y PERDIDAS
O ESTADO DE INGRESOS
Por el año terminado el 31 de diciembre de 1991

Ingresos:			
Ventas		$620,000	
Menos: Devoluciones y			
bonificaciones en ventas	$7,500		
Descuento en ventas	2,500	10,000	$610,000
Costo de Ventas:			
Inventario de mercancía 1980		$ 85,000	
Compras	$320,000		
Fletes	15,000		
	335,000		
Costos de las compras recibidas			
Menos: Devoluciones y			
bonificaciones en compras	$1,000		
Descuentos en compras	4,000	5,000	330,000
Mercancía disponible para la venta		415,000	
Menos: Inventario mercancía			
12/31/91		125,000	290,000
GANANCIA BRUTA EN VENTAS			$320,000
Gastos operacionales:			
Gastos de ventas			
Salario en ventas	35,000		
Gastos de anuncios	15,000		
Gastos de depreciación equipo			
de ventas y entrega	5,000		
Gastos misceláneos de ventas	10,000	$ 65,000	
Gastos administrativos y generales:			
Salarios de oficiales y de oficina	$ 50,000		

Impuestos y seguros	20,000	
Gastos misceláneos de materiales	5,000	
Gastos de depreciación enseres y mobiliario de oficina	5,000	
Gastos por cuentas dudosas	2,500	
Gastos misceláneos generales	15,000	97,500	162,500

Utilidad de operación		$157,000
Otros gastos y productos		
Ingresos por intereses	$ 5,000	
Ingresos por dividendos	10,000	$ 15,000
Gastos por intereses		7,500	$ 7,500

Ingresos antes de contribuciones sobre ingresos	$165,000

Contribuciones sobre ingresos:		
Cargos corrientes de contribuciones	$32,000	
$32,000 menos $5,000 aplicables a la ganancia sobre la venta de inversiones a bajo informada	5,000	
	$27,000	
Cargo de contribuciones sobre diferencia en cómputos de la depreciación	3,000	$30,000

Ingresos antes de partidas extraordinarias	$135,000

Partidas extraordinarias:		
Ganancia en ventas de inversiones	$ 40,000	
Menos: Contribuciones sobre ingresos aplicables	$ 15,000	25,000

UTILIDAD NETA, GANANCIA NETA, INGRESO NETO	$160,000

EJEMPLO DE UN ESTADO DE GANANCIAS Y PERDIDAS
O ESTADO DE INGRESOS EN FORMA DE PASOS MULTIPLES

EXHIBIT 9

Casa Ramos
INCOME STATEMENT (PROFIT AND LOSS STATEMENT)
For the year ended December 31, 1991

Revenue:

Sales		$ 620,000	
Less: Sales returns and allowances	$7,500		
Sales discount	2,500	10,000	$610,000

Cost of goods sold:

Merchandise inventory			
January, 1991		85,000	
Purchases	$320,000		
Freight in	15,000		
	$335,000		

Delivered cost of purchases
Less: Purchases returns

and allowances	$1,000		
Freight in	4,000	5,000	330,000

Delivered cost of purchases		$415,000
Less: Merchandise inventory		
December 31, 1991	125,000	290,000

GROSS PROFIT ON SALES	$320,000

Operating expenses:

Selling expenses:

Sales salaries	$ 35,000	
Advertising expense	15,000	
Depreciation expense-selling and		
delivery equipment	5,000	
Miscellaneous selling expense	10,000	$ 65,000

General and
Administrative expenses:

Officers and office salaries	$ 50,000
Taxes and insurance	20,000
Miscellaneous supplies expenses	5,000

Depreciation expense-office furnitures and fixtures	5,000		
Doubtful accounts expenses	2,500		
Miscellaneous general expenses	15,000	97,500	162,500

OPERATING INCOME $157,500

Other revenue and expense items:			
Interest income	$5,000		
Dividend income	10,000	$ 15,000	
Interest expense		7,500	$ 7,500
Income before income taxes			$165,000

Income taxes			
Current tax charges	$32,000		
Less:	5,000		
Applicable to gain on sale of investment reported below		27,000	
Tax charge arising from timing difference computing depreciation		3,000	30,000

Income before extraordinary items $135,000

Extraordinary items:

Gain on sales of investments	$ 40,000	
Less: Applicable income taxes	15,000	$25,000

NET INCOME (NET PROFIT) (NET EARNING)	$160,000

EXAMPLE OF AN INCOME STATEMENT IN MULTIPLE STEP FORM

APENDICE 10

Corporación Ramos, Avila y Pérez
ESTADO DE POSICION FINANCIERA
31 de diciembre de 1991

Activos corrientes	$300,000
Resta:	
Pasivos corrientes	110,000
Capital de trabajo	$190,000
Suma:	
Activos fijos (neto de la depreciación acumulada)	230,000
Total de activos menos pasivos corrientes	$420,000
Resta:	
Pasivos a largo plazo	60,000
Activos netos	$360,000
Capital:	
Capital en acciones	$230,000
Suma:	
Ganancias retenidas	130,000
Total de capital	$360,000

EJEMPLO DE UN ESTADO DE POSICION FINANCIERA
DE UNA CORPORACION

EXHIBIT 10
Ramos, Avila and Pérez Corporation
STATEMENT OF FINANCIAL POSITION
December 31, 1991

Current assets	$300,000
Deduct:	
Current liabilities	110,000
Working capital	$190,000
Add:	
Plant assets (net of accumulated depreciation)	230,000
Total assets less current liabilities	$420,000
Deduct:	
Long-term liabilities	60,000
Net assets	$360,000
Capital:	
Capital stock	$230,000
Add:	
Retained earnings	130,000
TOTAL CAPITAL	$360,000

AN EXAMPLE OF A STATEMENT OF FINANCIAL POSITION
OF A CORPORATION

APENDICE 11

CAJA CHICA O CAJA MENUDA

	Débito	Crédito
Caja chica o caja menuda	200	
Cuentas o comprobante por pagar		200
Cuenta o comprobante por pagar	200	
Efectivo en banco		200
Suministros de oficina	$ 74.82	
Gastos misceláneos en ventas	86.25	
Gastos misceláneos generales	25.83	
Cortes y sobrantes en efectivo	.30	
Cuentas o comprobantes por pagar		187.20
Cuenta o comprobante por pagar	187.20	
Efectivo en banco		187.20

Nota: La cantidad de efectivo en caja chica es $12.80

EJEMPLO DE CAJA CHICA O CAJA MENUDA USANDO EL
SISTEMA DE COMPROBANTES

EXHIBIT 11
PETTY CASH

	Debit	Credit
Petty cash	200	
Accounts or voucher payable		200
Account or voucher payable	200	
Cash in bank		200
Office supplies	74.82	
Miscellaneous selling expense	86.25	
Miscellaneous general expense	25.83	
Cash short and over	.30	
Account or voucher payable		187.20
Account or voucher payable	187.20	
Cash in bank		187.20

Note:
The amount of cash in petty cash fund is $12.80

PETTY CASH EXAMPLE USING THE VOUCHER SYSTEM

APENDICE 12
Corporación Ramos, Avila y Pérez

RECONCILIACION BANCARIA
31 de diciembre de 1991

Balance por el estado del banco $3,369.78
Sume: depósitos de diciembre 31 no anotados por el banco 806.20

Reste: cheques en tránsito o en circulación: $4,175.98

Núm. 125 por $1,496.39
Núm. 136 por 48.60 1,544.99

Balance ajustado por el estado del banco $2,630.99

Balance por récords del depositante $2,442.99
Sume: pagaré cobrado por el banco 200.00

$2,642.99
Reste: cargos por servicios bancarios 12.00

Balance ajustado por récords del depositante $2,630.99

Ejemplo de Reconciliación Bancaria

EXHIBIT 12
Ramos, Avila and Pérez Corporation
BANK RECONCILIATION
December 31, 1991

Balance per bank statement		$3,369.78
Add: Deposit of Dec. 31, not registered by bank		806.20
		$4,175.98
Deduct: Outstanding checks		
No. 125	$1,496.39	
No. 136	48.60	1,544.99
Adjusted balance as per bank statement		$2,630.99
Balance per depositor's records		$2,442.99
Add: Note collected by bank		200.00
		$2,642.99
Deduct: Bank service charges		12.00
Adjusted balance as per depositor's record		$2,630.99

BANK RECONCILIATION EXAMPLE

APENDICE 13
Ramos y Pérez

ESTADO DE CAPITAL
Por el año que terminó en diciembre 31 de 1991

	A. Ramos	P. Pérez	Total
Capital a enero 1, 1991	$45,000	$40,000	$ 85,000
Inversión adicional durante el año		5,000	5,000
Total de capital e inversión adicional	$45,000	$45,000	$ 90,000
Ingreso o ganancia neta por el año	24,825	20,175	45,000
	$69,825	$65,175	$135,000
Retiros para uso personal durante el año	20,500	17,000	37,500
Capital a diciembre 31, 1991	$49,325	$48,175	$ 97,500

EJEMPLO DE UN ESTADO DE CAPITAL DE UNA SOCIEDAD

APENDICE 14
A. Ramos

ESTADO DE CAPITAL DEL DUEÑO
Por el mes que terminó el 31 de julio de 1991

Capital a julio 1991		$20,000
Ingreso neto o ganancia neta por mes	$18,000	
Menos: Retiros	15,000	
Aumento en capital		3,000
Capital a julio 31, 1991		$23,000

EJEMPLO DE UN ESTADO DE CAPITAL DEL DUEÑO
O DE UN NEGOCIO INDIVIDUAL.

EXHIBIT 13
Ramos and Pérez
CAPITAL STATEMENT
For the year ended December 31, 1991

	A. Ramos	P. Pérez	Total
Capital, January 1, 1991	$45,000	$40,000	$85,000
Additional investment during the year		5,000	5,000
Total capital and additional investment	$45,000	$45,000	$ 90,000
Net income or net earning for the year	24,825	20,175	45,000
	$69,825	$65,175	135,000
Withdrawals during the year	20,500	17,000	37,500
Capital, December 31, 1991	$49,325	$48,175	$ 97,500

AN EXAMPLE OF A PARTNERSHIP CAPITAL STATEMENT

EXHIBIT 14
A. Ramos
OWNER'S CAPITAL STATEMENT
For the month ended July 31, 1991

Capital, July 1, 1991		$20,000
Net income or net earning for the month	$18,000	
Less: Withdrawals	15,000	
Increase in capital		3,000
Capital, July 31, 1991	$23,000	

AN EXAMPLE OF AN OWNER'S CAPITAL STATEMENT
OR A SINGLE PROPRIETORSHIP STATEMENT

APENDICE 15

INGRESO O GANANCIA NETA $31,000

	A. Ramos	P. Pérez	Total
Salarios	$20,000	$15,000	$35,000
Intereses concedidos	3,000	2,500	5,500
Total	23,000	17,500	40,500
Menos: Concesiones sobre ingresos	4,750	4,750	9,500
INGRESO NETO O GANANCIA NETA	$18,250	$12,750	$31,000

EJEMPLO DE UNA DIVISION O DISTRIBUCION
DE INGRESOS DE UNA SOCIEDAD

APENDICE 16

A. Ramos

BALANCE DE COMPROBACION
31 de diciembre de 1991

Título de la cuenta	Débito	Crédito
Caja	$1,470	
Cuentas por cobrar	1,000	
Suministros	450	
Renta pagada por adelantado	2,500	
Equipo	10,000	
Cuentas por pagar		$2,000
A. Ramos, Capital		11,300
A. Ramos, Retiro	1,050	
Ventas		3,875
Gastos por salarios	500	
Gastos misceláneos	205	
	$17,175	$17,175

EJEMPLO DE UN BALANCE DE COMPROBACION
DE UN NEGOCIO INDIVIDUAL

EXHIBIT 15

DIVISION OF NET INCOME OR
NET EARNINGS $31,000

	A. Ramos	P. Pérez	Total
Salary allowance	$20,000	$15,000	$35,000
Interest allowance	3,000	2,500	5,500
Total	$23,000	$17,500	$40,500
Less: Allowance over income	4,750	4,750	9,500
Net income or net earning	18,250	$12,750	$31,000

AN EXAMPLE OF A PARTNERSHIP DIVISION
OR DISTRIBUTION OF INCOME

EXHIBIT 16
A. Ramos

TRIAL BALANCE
December 31, 1991

Accounts Title	Debit	Credit
Cash	$1,470	
Accounts receivable	1,000	
Supplies	450	
Prepaid rent	2,500	
Equipment	10,000	
Accounts payable		$ 2,000
A. Ramos, Capital		11,300
A. Ramos, Drawing	1,050	
Sales		3,875
Salaries expenses	500	
Miscellaneous expenses	205	
	$17,175	$17,175

A SINGLE PROPRIETORSHIP TRIAL BALANCE EXAMPLE

APENDICE 17

JORNAL

Fecha	Descripción	Ref.	Débito	Crédito
1991	Caja	11	10,000	
Dic. 8	Ventas			10,000
	Ventas al contado			

CUENTA EN EL LIBRO MAYOR GENERAL

CUENTA 11

Cuenta	Caja	Ref.	Débito	Crédito
Fecha	Renglón			
1991				
Dic. 1	Balance		8,000	
8		16	10,000	

**EJEMPLO DE ENTRADA DE JORNAL Y TRASLADO A UNA
CUENTA DEL LIBRO MAYOR GENERAL**

APENDICE 18

JORNAL GENERAL

Fecha	Descripción	Ref.	Débito	Crédito
1991				
Dic. 31	Gastos de salario	411	700	
	Salario por pagar	113		700

(ENTRADA DE REVERSO) (CONTRAPARTIDA)

1992				
Ene. 1	Salario por pagar	113	700	
	Gasto de salario	411		700

**EJEMPLO DE UNA ENTRADA DE REVERSO O
CONTRAPARTIDA EN EL JORNAL GENERAL.**

EXHIBIT 17

JOURNAL				PAGE 16

Date	Description	Post Ref	Debit	Credit
1991	Cash	11	10,000	
Dec. 8	Sales			10,000
	Cash sales			

GENERAL LEDGER ACCOUNT

Account: Cash   Account No. 11

Date	Item	Post Ref.	Debit	Credit
1991				
Dec. 1	Balance		8,000	
8		16	10,000	

AN EXAMPLE OF A JOURNAL ENTRY POSTED TO AN
ACCOUNT IN THE LEDGER

EXHIBIT 18
GENERAL JOURNAL

Date	Description	Post Ref.	Debit	Credit
1991				
Dec. 31	Salary expense	411	700	
	Salaries payable	113		700
	(REVERSING ENTRY)			
1992				
Jan. 1	Salaries payable	113	700	
	Salaries expense	411		700

AN EXAMPLE OF A REVERSING ENTRY IN THE GENERAL JOURNAL

APENDICE 19

1. Método lineal directo:

$$\frac{\$10,000 \text{ costo} - \$2,000 \text{ valor residual}}{5 \text{ años de vida estimada o vida útil}} = \$1,600 \text{ dep. anual.}$$

2. Método de unidades de producción:

$$\frac{\$22,000 \text{ costo} - \$2,000 \text{ valor residual}}{40,000 \text{ horas}} = \$.50 \text{ dep./hr.}$$

3. Método de declinar el balance: (doble declinación)
redondeando cantidades

Año	Costo	Dep. Acum. empezar año	Valor en los libros empezar año	Por-ciento	Depr. anual	Valor libros fin de año
1	$20,000	-	$20,000	40%	$8,000	$12,000
2	20,000	$ 8,000	12,000	40%	4,800	7,200
3	20,000	$12,800	7,200	40%	2,880	4,320
4	20,000	$15,600	4,320	40%	1,728	2,592
5	20,000	$17,360	2,592	40%	1,037	1,555

4. Método de suma de dígitos de los años: $S = \frac{N(n+1)}{2}$

Costo $32,000 Valor Residual $2,000 - Vida útil - 5 años

Año	Costo menos Valor Res	Por ciento	Dpr. por año	Dpr. fin de año	Valor en los libros fin año
1	$30,000	5/15	$10,000	$10,000	$22,000
2	30,000	4/15	8,000	18,000	14,000
3	30,000	3/15	6,000	24,000	8,000
4	30,000	2/15	4,000	28,000	4,000
5	30,000	1/15	2,000	30,000	2,000

METODOS USADOS FRECUENTEMENTE PARA DETERMINAR DEPRECIACION

EXHIBIT 19

1. Stright-line method:

$$\frac{\$10,000 \text{ cost-}\$2,000 \text{ residual value}}{5 \text{ years estimated or useful life}} = \$1,600 \text{ annual depreciation}$$

2. Units-of-production or activity method:

$$\frac{\$22,000 \text{ cost-}\$2,000 \text{ residual value}}{40,000 \text{ hours}} = \$0.50 \text{ hourly depreciation}$$

3. Declining-balance method: (double declining) round numbers.

Year	Cost	Accum. depr. beg. year	Book value beg. of year	Rate	Depr. year	Book value end of year
1	$20,000		$20,000	40%	$8,000	$12,000
2	20,000	$ 8,000	12,000	40%	4,800	7,200
3	20,000	12,000	7,200	40%	2,880	4,320
4	20,000	15,600	4,320	40%	1,728	2,592
5	20,000	17,360	2,592	40%	1,037	1,555

4. Sum-of-the-year digits method: $S = \dfrac{N(n = 1)}{2}$

Cost $32,000 residual value $2,000 Life 5 years.

Year	Cost less res. value	Rate	Depr. for year	Accum. depr. end of year	Book value end of year
1	$30,000	5/15	$10,000	$10,000	$22,000
2	30,000	4/15	8,000	18,000	14,000
3	30,000	3/15	6,000	24,000	8,000
4	30,000	2/15	4,000	28,000	4,000
5	30,000	1/15	2,000	30,000	2,000

METHODS FREQUENTLY USED IN DETERMINING DEPRECIATION

APENDICE 20
JORNALES ESPECIALES

1. Jornal de compras

    Registrar:
    Compras de mercancía a crédito.

2. Jornal de ventas

    Registrar:
    Ventas de mercancía a crédito

3. Jornal de recibos de caja
    o de efectivo

    Registrar:
    Recibos de efectivo de cualquier
    fuente de ingreso.

4. Jornal de pagos o desembolsos
    de caja o de efectivo

    Registrar:
    Pagos o desembolsos de efectivo.

5. Jornal de devoluciones y
    concesiones en compras
    (Memorando de débito)

    Registrar:
    Devoluciones y concesiones en
    compras

6. Jornal de devoluciones y
    Concesiones en ventas
    (Memorando de crédito)

    Registrar:
    Devoluciones y concesiones en
    ventas

EJEMPLO DE JORNALES ESPECIALES Y SUS USOS

EXHIBIT 20

SPECIAL JOURNALS	USES
1. Purchases journal	To register: Purchases of merchandise on account.
2. Sales journal	To register: Sales of merchandise on account.
3. Cash receipts journal	To register: Receipts or cash from any source.
4. Cash payment or disbursement Journal	To register: Payment of disbursement of cash.
5. Purchases returns and allowances (Debit memorandum)	To register: All purchases returns and allowances.
6. Sales returns and allowances (Credit memorandum)	To register: All sales returns and allowances.

EXAMPLES OF SPECIAL JOURNALS AND ITS USES...

APENDICE 21
A. Ramos
HOJA DE TRABAJO
Por el año que terminó el 31 de dic. de 1991

Título de las cuentas	Balance comp. Dr.	Balance comp. Cr.	Ajustes Dr.	Ajustes Cr.	Estado ingresos Dr.	Estado ingresos Cr.	Estado de situación Dr.	Estado de situación Cr.
Caja	7,250						7,250	
Suministros oficina	3,300			a. 1,200			2,100	
Seguro pagado por adelantado	750		B	b. 40			710	
Equipo	10,000						10,000	
Depreciación acum.		6,500		c. 120				6,620
A. Ramos, Capital		10,000						10,000
A. Ramos, Retiro	200						200	
Ventas		10,700				10,700		
Gasto salario	4,250		d. 300		4,550			
Gastos misceláneos	1,450				1,450			
	27,200	27,200						
Suministro oficina			a. 1,200		1,200			
Gasto seguro			b. 40		40			
Gasto depreciación			c. 120		120			
Salario por pagar				d. 300				300
			1,660	1,660	7,360	10,700	20,260	16,920
Ingreso neto o ganancia neta					3,340			3,340
Totales					10,700	10,700	20,260	20,260

EXHIBIT 21
A. Ramos
WORK SHEET OR WORKING PAPER
For the year ended December 31, 1991

Title of accounts	Trial balance Dr.	Cr.	adjustments Dr.	Cr.	Income statements Dr.	Cr.	Balance sheet Dr.	Cr.
Cash	7,250						7,250	
Office supplies	3,300			a. 1,200			2,100	
Prepaid insurance	750			b. 40			710	
Equipment	10,000						10,000	
Accumulated deprec.		6,500		c. 120				6,620
A. Ramos, Capital		10,000						10,000
A. Ramos, Drawing	200						200	
Sales		10,700				10,700		
Salary expense	4,250		d. 300		4,550			
Misc. expense	1,450				1,450			
	27,200	27,200						
Office supplies			a. 1,200		1,200			
Insurance expenses			b. 40		40			
Depreciation expense			c. 120		120			
Salaries payable				d. 300				300
			1,660	1,660	7,360	1,660	20,260	16,920
Net income or net earning					3,340			3,340
Totals					10,700	10,700	20,260	20,260

APENDICE 22

Compañía Ramos y Compañía Subsidiaria Pérez

ESTADO DE SITUACION CONSOLIDADO O CONDENSADO
Diciembre 31 de 1991

ACTIVOS
Activos corrientes .... $ 145,000
Otros activos 890,000

TOTAL DE ACTIVOS $1,035,000

PASIVOS Y CAPITAL
Pasivos corrientes $250,000
Acciones comunes (60,000 y 50,000) 600,000
Ganancias retenidas 185,000

TOTAL DE PASIVOS Y CAPITAL $1,035,000

Nota: Informacion para poder hacer la consolidación o condensación.

ACTIVOS

	Cía. Ramos	Cía Pérez
Activos corrientes	$ 75,000	$ 70,000
Inversión en subsidiaria Pérez		
(5,000 acciones)	335,000	
Otros activos	600,000	290,000
TOTAL DE ACTIVOS	$1,010,000	$360,000

PASIVOS Y CAPITAL

	Cía. Ramos	Cía Pérez
Pasivos corrientes	$ 225,000	$ 25,000
Acciones comunes		
(60,000 y 5,000)	$ 600,000	260,000
Ganancias retenidas	185,000	75,000
TOTAL DE PASIVOS Y CAPITAL	$1,010,000	$360,000

EJEMPLO DE UN ESTADO DE SITUACION CONSOLIDADO O
CONDENSADO

EXHIBIT 22
Ramos Company and Pérez Subsidiary Company
CONSOLIDATED OR CONDENSED BALANCE SHEET
December 31, 1991

ASSETS

Current assets	$ 145,000
Other assets	890,000
Total assets	$1,035,000

LIABILITIES AND STOCKHOLDER'S EQUITY

Current liabilities	$ 250,000
Common stock (60,000 and 5,000)	600,000
Retained earnings	185,000
Total liabilities and stockholder's equity	$1,035,000

Note: Data to consolidate or condense the above balance sheet:

Assets	Ramos Co.	Pérez Co.
Current assets	$ 75,000	$ 70,000
Investment in Pérez subsidiary. (5,000 shares)	335,000	
Other assets	600,000	290,000
Total assets	$1,010,000	$ 360,000
Liabilities and Stockholder's Equity		
Current liabilities	$ 225,000	$ 25,000
Common stock (60,000 and 5,000)	600,000	260,000
Retained earnings	185,000	75,000
Total liabilities and stockholder's Equity	$1,010,000	$ 360,000

AN EXAMPLE OF A CONSOLIDATED OR CONDENSED
BALANCE SHEET

APENDICE 23

Métodos de valorar el inventario final y el costo de la mercancía vendida

Información:

Fecha	Unidades	Costo por unidad	Costo total
Ene. 1 Inventario inicial	2	$ 6	$12.00
Feb. 25	3	10	30.00
Nov. 28	4	8	$32.00
	9		$74.00

Inventario final 5 unidades

1. Identificación específica:

Paso 1
Inventario final
Unidades identificada 2 de feb. y 3 de nov.

Fecha	Unidades	Costo por unidad	Costo total
Feb. 25	2	$ 6	$12.00
Nov. 28	3	8	24.00
Total	5		$36.00

Paso 2
Costo de la mercancía vendida

Costo de la mercancía disponible para venta	$74.00
Menos: Inventario final	36.00
Costo de la mercancía vendida	$38.00

2. Costo promedio:

Paso 1
Inventario final
$74.00 - 9 = $8.22

Unidades		Costo por unidad		Costo total
5	x	$8.22	=	$41.10

Paso 2
Costo de la mercancía vendida

Costo de la mercancía disponible para venta	$74.00
Menos: Inventario final	41.10
Costo de la mercancía vendida	$32.90

3. FIFO (primero en entrar, primero en salir)

Paso 1
Inventario final

Fecha	Unidades	Costo por unidad	Costo total
Nov. 28	4	$ 8	$32.00
Feb. 25	1	10	10.00
Total	5		$42.00

Paso 2
Costo de la mercancía vendida

Costo de la mercancía disponible para venta	$74.00
Menos: Inventario final	42.00
Costo de la mercancía vendida	$32.00

4. LIFO (último en entrar, primero en salir)

Paso 1
Inventario final

Fecha	Unidades	Costo por unidad	Costo total
Ene. 1	2	$ 6	$12.00
Feb. 25	3	10	30.00
Total	5		$42.00

Paso 2
Costo de la mercancía vendida

Costo de la mercancía disponible para venta	$74.00
Menos: Inventario final	42.00
Costo de la mercancía vendida	$32.00

EXHIBIT 23

Ending Inventory and Cost of Goods Sold Valuation Method:

	Date	Units	Unit Cost	Total Cost
Data:	Jan 1 Beginning Inventory	2	$ 6	$12.00
	Feb 25	3	10	30.00
	Nov 28	4	8	32.00
	Total (Ending Inventory 5 Units)	9		$74.00

1. Specific Identification:

Step 1:
Ending Inventory
Units identified 2 of Feb and 3 of Nov

Date	Units	Unit Cost	Total Cost
Feb 25	2	$ 6	$12.00
Nov 28	3	8	24.00
Total	5		$36.00

Step 2:
Cost of Goods Sold

Cost of goods available for sale	$74.00
Less: Ending Inventory	$36.00
Cost of goods sold	$38.00

2. Average Cost:

Step 1:
Ending Inventory
$74.00 - 9 = $ 8.22

Units	Unit Cost		Total Cost
5 x	$ 8.22	=	$41.10

Step 2:
Cost of Goods Sold

Cost of good available for sale	$74.00
Less: Ending Inventory	41.10
Cost of goods sold	$32.90

3. FIFO:

Step 1:
Ending Inventory

Date	Units	Unit Cost	Total Cost
Nov 28	4	$ 8	$32.00
Feb 25	1	10	10.00
Total	5		$42.00

Step 2:
Cost of Goods Sold

Cost of good available for sale	$74.00
Less: Ending Inventory	42.00
Cost of goods sold	$32.00

4. LIFO

Step 1:
Ending Inventory

Date	Units	Unit Cost	Total Cost
Jan 1	2	$ 6	$12.00
Feb 25	3	10	30.00
Total	5		$42.00

Step 2:
Cost of Goods sold

Cost of goods available for sale	$74.00
Less: Ending Inventory	42.00
Cost of goods sold	$32.00

Este libro se terminó de imprimir
el día 23 de octubre de 1992
en los Talleres Gráficos de
Impresos Emmanuelli, Inc.
Apartado 142, Aguas Buenas
Puerto Rico 00703